L'ART
DE CONDUIRE ET DE RÉGLER
LES PENDULES
ET
LES MONTRES.

L'ART
DE CONDUIRE ET DE RÉGLER
LES PENDULES
ET
LES MONTRES,

A l'usage de ceux qui n'ont aucune connaissance d'Horlogerie;

SUIVIE D'UNE INDICATION
DES RÈGLES, OBSERVATIONS ET CALCULS,

Pour l'usage des Montres astronomiques, etc.

PAR F. BERTHOUD,

Mécanicien de la Marine, Membre de l'Institut de France, et de la Société Royale de Londres, Membre de la Légion d'Honneur.

QUATRIÈME ÉDITION,

Augmentée d'une Planche et de la manière de tracer la Ligne méridienne du Tems moyen.

PARIS,

Chez COURCIER, Imprimeur-Libraire pour les Mathématiques, quai des Augustins, nº 57.

1811.

[illegible]

[illegible]

[illegible]

[illegible]

[illegible]

[illegible]

PLAN
DE CET OUVRAGE.

On croit communément que, dès que l'on a fait l'acquisition d'une Montre, et qu'on l'a une fois mise à l'heure, il ne s'agit plus que de la remonter chaque jour, devant dès-lors marcher avec une justesse constante, sans qu'il soit besoin d'y toucher. Il y a même des personnes qui prétendent que ces machines doivent aller comme le Soleil; d'autres enfin qui croient que leurs Montres s'étant rencontrées deux fois avec le Méridien, elles vont en effet comme le Soleil. Mais les uns et les autres sont bien éloignés de sentir l'impossibilité de ce qu'ils exigent; car, pour peu qu'ils connussent cet objet, ils verraient : 1°. Que les Montres ne peuvent marcher constamment juste :

2°. Que le mouvement du Soleil est variable, puisque cet Astre marche, tantôt d'un mouvement accéléré et tantôt d'un mouvement plus lent :

3°. Qu'en supposant qu'on parvînt à faire aller les Montres aussi bien que la meillenre Pendule à Secondes (ce qui est très-impossible), elles ne pourraient ni ne devraient suivre les écarts du Soleil.

J'ai donc cru qu'un ouvrage où l'on exposerait le plus briévement possible, quelques-unes des causes qui s'opposent à la justesse des Montres (ce qu'on doit attendre de ces machines), la manière de les conduire, etc. deviendrait utile au Public.

Il ne serait pas moins utile aux Horlogers; puisque les peines qu'ils se donnent pour faire de bonnes Montres, sont en pure perte, si ceux à qui ils les vendent ne savent pas les conduire.

Ce sont ces considérations qui m'ont fait entreprendre cet Ouvrage; pour parvenir à ce but, j'ai commencé par définir ce qu'on entend par *Tems vrai* et *Tems moyen*, termes fort en usage; le premier, pour désigner le tems qui est mesuré par le Soleil; le second, par une bonne Pendule. J'ai donné la description d'une Pendule et d'une Montre ; et pour aider à mieux entendre ce que j'ai dit sur leur mécanisme, j'ai fait graver avec soin les principales pièces de ces machines.

J'ai fait voir que le mouvement du Soleil est variable, et ne peut servir à régler les Pendules et les Montres, que dans le cas où on fera abstraction de ces écarts ; et que ces machines ne peuvent suivre naturellement que le Tems moyen, et que par conséquent, une Pendule ou une Montre qui irait comme le Soleil, varierait. On fait cependant des Pendules qui marquent le *Tems moyen* et le *Tems vrai*, on les appelle Pendules à Equation ; elles ne marquent le Tems vrai que par artifice. *Voyez page 22*. On a fait aussi quelques Montres à Equation, mais la plupart fort compliquées et peu exactes.

J'ai rendu raison de quelques causes des variations des Montres ; de la manière de juger de leur justesse ; en quoi une Montre qui va juste, diffère de celle qui est réglée et de celle qui varie.

Comme il est nécessaire que chaque personne se donne la peine de conduire et de régler sa Montre, j'ai expliqué chaque attention et opération à mettre en usage.

Le passage du Soleil par le Méridien étant la mesure la plus naturelle du tems et la plus facile pour comparer et régler les montres et les Pendules, j'ai donné des méthodes aisées pour faire usage des Tables des variations du Soleil, qu'on nomme Tables d'*Equations*.

J'ai expliqué comment il faut tracer des lignes Méridiennes, propres à régler les Pendules et les Montres.

On trouvera aussi quelques moyens propres à mettre en usage pour acquérir de bonnes Montres et Pendules, et pour conserver ces Machines. Enfin, j'ai rassemblé dans un seul Article tous les soins qu'il faut prendre pour bien conduire et régler les Montres et les Pendules; il sera utile à ceux qui voudront se dispenser de lire le reste de ce Livre.

Je n'ai rien négligé pour remplir l'objet

que je me suis proposé, en publiant ce petit Ouvrage, qui est d'instruire ceux qui n'ont aucune notion des Machines qui mesurent le tems, et de leur apprendre la manière de les gouverner. Je n'ai pas voulu entrer ici dans de trop grands détails sur la partie scientifique de l'Horlogerie, crainte de devenir trop long et trop abstrait, et de rebuter ceux qui voudront seulement s'amuser à prendre une idée de cet Art. J'ai traité les diverses parties de l'Art de la mesure du Tems dans mon *Essai sur l'Horlogerie.*

On trouve à la même adresse tous les Ouvrages du même Auteur :

TABLE DES ARTICLES.

INDICATION DES RÈGLES A METTRE EN USAGE POUR FAIRE SERVIR LES MONTRES ASTRONOMIQUES.

L'ART
DE CONDUIRE ET DE RÉGLER
LES PENDULES
ET
LES MONTRES.

ARTICLE PREMIER.

De la division du Tems ; ce que c'est que le Tems vrai et le Tems moyen.

LE TEMS qui s'écoule depuis le passage du soleil au *méridien* (*), jusqu'à son retour au même méridien, est celui que les Astronomes appellent *jour naturel* ou *solaire*.

(*) On appelle *méridien* un plan *ABCD* (*pl. IV, fig.* 3), qui est tellement disposé que lorsque chaque jour le soleil est parvenu au point de sa plus grande élévation ou hauteur au-dessus de l'horizon, l'ombre de la plaque *E* du style *FE* est divisée en deux parties égales par la ligne *FM*. On appelle *méridienne* la ligne *FM* ; et *midi* l'instant où l'ombre du style *E* est partagée par la méridienne. La ligne du midi d'un cadran solaire a les mêmes propriétés que la méridienne.

Le jour se divise en 24 parties égales qu'on appelle *heures* : l'heure se divise en 60 parties appelées *minutes* ; et la minute se divise en 60 parties, qu'on appelle *secondes* : un jour contient donc 1440 minutes, l'heure 3600 secondes, et un jour contient 86400 secondes.

Tous les jours de l'année ne sont pas exactement de 24 heures ; car tantôt le soleil emploie 24 heures et quelques secondes depuis le midi d'un jour au midi suivant, et tantôt 24 heures moins quelques secondes depuis le midi d'un autre jour au midi suivant, etc. Le mouvement du soleil est donc variable, ainsi qu'il est aisé de s'en convaincre. Car si on a une bonne pendule à secondes dont le mouvement soit uniforme, et qui soit tellement réglée, qu'après avoir été mise avec le soleil un jour quelconque, elle marque autant de fois midi que le soleil, et qu'au bout d'un an à pareil jour le midi de la pendule se rencontre avec celui du soleil, alors on verra que dans les autres jours de l'année la pendule marquera midi, tantôt avant et tantôt après celui du soleil : or puisque la pendule est supposée se mouvoir d'un mouvement uniforme, il faut nécessairement que la différence des deux midi soit causée par la variation du soleil. Si l'on a donc une pendule telle que nous venons de le dire ; que le 23 décembre on la mette 4 secondes en retard sur le soleil ; nous allons rapporter les différences qu'il y aura entre les deux midi pendant le cours de l'année.

Le 24 décembre, le midi du soleil retardera de 30 secondes sur le midi de la pendule ; et cet écart ira toujours en augmentant jusqu'au 11 février, jour auquel le midi du soleil retardera de 14 minutes 44 secondes sur celui de la pendule ; depuis le 11 février, ce retard ira en diminuant jusqu'au 14 avril ; ce jour-là, le midi du soleil et celui de la pendule seront ensemble ; le 15 avril, le midi du soleil avancera de 9 secondes, et il continuera ainsi à avancer jusqu'au 10 mai, où il sera en avance de 3 minutes 59 secondes ; le midi du soleil se rapprochera insensiblement de celui de la pendule jusqu'au 15 juin, les deux midi seront de nouveau ensemble ce jour. Le 16 juin, le soleil retardera de 8 secondes sur la pendule, et continuera ainsi à retarder de plus en plus jusqu'au 25 juillet, que le midi du soleil sera en retard de 5 minutes 56 secondes sur le midi de la pendule ; ce retard ira en diminuant jusqu'au 31 août, que le midi du soleil et celui de la pendule seront ensemble. Enfin le premier septembre, le soleil avancera de 27 secondes sur le midi de la pendule, et continuera ainsi à avancer de plus en plus jusqu'au premier novembre : il avancera ce jour de

16 minutes 9 secondes ; dès-lors il avancera de moins en moins, de sorte que les deux midi seront de nouveau ensemble le 23 décembre.

Les différences qu'on aura apperçues entre le midi de la pendule et celui du soleil, prouvent donc l'inégalité des jours et des heures qui sont mesurées par le soleil. C'est par cette raison que les Astronomes ont été obligés d'imaginer des jours *fictifs* tous égaux entre eux, et moyens proportionnels entre le plus long et le plus court des jours inégaux. Pour déterminer ces jours, ils ont pris le nombre d'heures dont la révolution annuelle du soleil est composée, et ils ont divisé le tems total de ces heures inégales en autant de parties qu'il y a d'heures, dont 24 sont un jour ; de sorte que les heures qu'ils ont trouvées par cette méthode, sont parfaitement égales entre elles, et sont tantôt plus longues et tantôt plus courtes que celles du soleil : telles sont les heures marquées par la pendule supposée.

On appelle *tems moyen* celui qui est ainsi réduit à l'égalité ; c'est le même qui est marqué par la pendule comparée comme nous venons de le dire.

Le tems qui est mesuré par le méridien, c'est-à-dire par le midi du soleil, est celui qu'on appelle le *tems vrai ;* et l'on appelle *équation du tems*, la différence que l'on aura vue chaque jour entre le midi du soleil et celui de la pendule; c'est-à-dire que l'équation est la différence du tems vrai au tems moyen.

Les Astronomes ont dressé des tables qui marquent pour tous les jours de l'année la différence du midi du soleil au midi de la pendule, c'est-à-dire du tems vrai au tems moyen. C'est d'après ces tables, qu'on nomme *tables d'équations*, que j'ai dressé celles qu'on trouvera à la fin de cet Ouvrage.

Je ne m'arrêterai pas ici à expliquer les causes des variations du soleil; il suffit d'avoir fait connaître qu'il varie, et de donner des tables de ces écarts. Ceux qui desireront s'instruire de ces causes, peuvent consulter les ouvrages qui traitent de l'Astronomie.

Au reste, il est bon d'observer ici, que, quoique le soleil varie, on peut se servir des méridiens et de la ligne de midi des cadrans solaires, pour régler les pendules et les montres sur le tems moyen, ce qui devient facile, dès que l'on sait combien le tems vrai varie chaque jour par rapport au tems moyen. C'est à cet usage que sont destinées les tables d'équations, ainsi que nous l'expliquerons article XI. On peut se servir de ces tables pendant 30 ou 40 ans, sans erreur sensible.

ARTICLE II.

Explication du Mécanisme d'une Pendule; comment elle mesure le tems.

Les pendules et les montres sont des machines tellement disposées, que les roues à dents qui en font une partie essentielle, font leurs révolutions d'un mouvement uniforme, et que les aiguilles portées par les axes (*) ou essieux de ces roues, marquent les parties du tems sur un cadran divisé en parties égales. Nous allons expliquer, le plus simplement que nous pourrons, comment on dispose ces machines pour mesurer le tems par leur moyen.

La première figure de la première planche représente le profil d'une pendule : *P* est un poids suspendu par une corde qui s'enveloppe sur le cylindre ou tambour *C*, fixé sur l'axe *aa*, dont les parties *b*, *b*, qu'on nomme *pivots*, entrent dans des trous faits aux *platines TS*, *TS*, dans lesquels ils tournent. (Ces platines sont deux plaques de cuivre qui sont assemblées par quatre piliers *ZZ* : cet assemblage s'appelle *cage*.)

(*) J'appelle *axe* les pièces d'acier sur lesquelles on fixe les roues, pour y pouvoir tourner comme sur leur centre.

L'action du poids *P* tend nécessairement à faire tourner le cylindre *C*, ensorte que s'il n'était pas retenu, sa vîtesse se ferait d'un mouvement accéléré semblable à celle qu'aurait le poids *P*, s'il tombait librement; mais ce cylindre porte une roue *RR* dentée à *rochet*; le côté droit de ces dents arc-boute contre une pièce qu'on nomme *cliquet*, laquelle est attachée avec une vis après la roue *DD*, comme on le voit dans la *figure* 2, de sorte que l'action du poids se communique à la roue *DD*. Les dents de cette roue entrent dans l'intervalle des dents qui sont formées sur la petite roue *d*, et tellement qu'elles l'obligent à tourner sur ses pivots *cc*. (On appelle *engrenage* cette communication des dents d'une roue avec une autre; et on appelle *pignon* une petite roue comme celle *d*. En général un pignon est d'acier, et formé sur l'axe même.)

La roue *EE* est fixée sur l'axe du pignon *d*; ainsi le mouvement imprimé par le poids à la roue *DD*, est transmis au pignon *d*, et par conséquent à la roue *EE*; celle-ci engrène dans le pignon *e*, qui porte la roue *FF*, laquelle engrène et communique sa force au pignon *f*, sur l'axe duquel est fixée la roue à couronne *GH*, qu'on appelle *roue de rencontre*; les pivots du pignon *f* ne tournent pas dans des trous faits aux platines mêmes, comme ceux des autres roues ; mais ils tournent dans les trous faits aux pièces *L*, *M*, attachées perpendiculairement à la platine *TDS*. Enfin le mouvement imprimé par le poids, est transmis de la roue *GH* à la pièce *IK*, qui communique elle-même sa force à la pièce *AB*, par le moyen de la branche *UX*. On appelle *pendule* cette pièce *AB*, dont le crochet situé en *A*, est suspendu au fil *A*. Le *pendule AB* peut décrire autour du point *A*, des arcs de cercle allant et revenant alternativement sur lui-même : si donc on pousse ce pendule et qu'on l'écarte de son point de repos, la pesanteur de la *lentille B* le fera revenir sur lui-même, et il continuera ainsi à faire des allées et venues, jusqu'à ce que la résistance de l'air sur la lentille et la résistance du fil aient détruit la force qu'on avait imprimée, et qu'ainsi le pendule s'arrête ; mais comme il arrive qu'à chaque allée et venue du pendule, les dents de la roue de rencontre *GH* agissent tellement sur les *palettes I*, *K* (*), qu'après qu'une dent *H* a imprimé sa force à la palette *K*, celle-ci permet à la dent de s'échapper ; alors la dent *G*, diamétralement opposée, agit à son tour sur la palette *I*, et s'é-

(*) Les pivots portés par l'axe des palettes roulent dans les trous faits aux talons *s*, *t*.

chappe ensuite ; ainsi chaque dent de la roue s'échappe des palettes *I*, *K*, après leur avoir communiqué son mouvement, ensorte que le pendule, au lieu de s'arrêter, continue de se mouvoir et les roues de tourner.

La roue *EE* fait une révolution par heure; le pivot *c* de cette roue passe à travers la platine, il est prolongé jusqu'en *r*; sur ce pivot, entre à force un canon qui porte la roue *NN*; ce canon sert à porter par son extrémité *r*, l'aiguille des minutes ; la roue *N* engrène dans la roue *O*, qui porte un pignon *p*, lequel engrène dans la roue *qq*, fixée sur un canon qui roule sur celui de la roue *N*. La roue *q* fait un tour en 12 heures ; son canon sert à porter l'aiguille des heures.

Il suit, 1° de ce que nous venons de dire cidessus, que le poids *P* fait tourner les roues et qu'il entretient le mouvement du pendule ; 2° que la vîtesse des roues est déterminée par celle du pendule ; 3° que les roues servent à indiquer les parties du tems divisé par le pendule.

On appelle *moteur*, le poids *P* ou agent quelconque qui entretient le mouvement des roues et du pendule.

On appelle *régulateur*, la lentille ou pendule *AB*, dont le mouvement règle la marche des roues.

On nomme *vibration*, le mouvement que fait le pendule pour aller de droite à gauche, ou pour revenir de gauche à droite; on voit ce pendule se mouvoir de la sorte, lorsque la pendule est vue en face; car la pendule étant de profil comme dans la première figure, on voit le pendule se mouvoir dans un même plan; ainsi on n'apperçoit presque pas son mouvement.

On nomme *rouage*, les roues et pignons qui tournent dans l'intérieur de la cage, et communiquent le mouvement au pendule.

On nomme *échappement*, l'espèce d'engrenage que font les dents de la roue *GH* avec les palettes *IK*.

On nomme *roue d'échappement*, la roue *GH*; et *pièce d'échappement*, la pièce *IKXU*.

Lorsque la corde qui suspend le poids *P* est entièrement développée de dessus le cylindre, on se sert d'une clef pour remonter ce poids; cette clef entre sur le quarré *Q*, et en la tournant du côté opposé à la descente du poids, on enveloppe de nouveau la corde sur ce cylindre: pour cet effet, le côté incliné des dents du rochet *R*, *figure* 2, écarte le cliquet mobile *C*, ensorte que pendant tout le tems que l'on remonte le poids, le rochet *R* tourne séparément de la roue *D*; mais aussitôt qu'on cesse de suspendre et d'élever le poids, celui-ci agit sur le rochet dont les côtés droits des dents arc-boutent de nouveau contre le bout du cliquet, ce qui oblige la *roue D* de tourner avec le cylindre; le ressort *A* sert à faire rentrer le cliquet dans les dents du rochet.

Il nous reste maintenant à expliquer comment on détermine la roue *E*, dont l'axe porte l'aiguille des minutes à faire une révolution précisément en une heure, et comment on fait aller une pendule plus ou moins de tems. Pour cela, il faut savoir que les vibrations d'un pendule sont d'autant plus lentes que le pendule est plus long: ensorte qu'un pendule qui a 3 pieds 8 lignes et demie de *A* en *D*, figure première, fait 3600 vibrations par heure, c'est-à-dire que chaque vibration est d'une seconde (on l'appelle, pour cette raison, *pendule à secondes*), tandis qu'un pendule qui a 9 pouces 2 lignes et un quart, fait 7200 vibrations par heure, ou deux vibrations par seconde: on donne le nom de *pendule à demi-secondes* à celui-ci.

On voit donc qu'il est nécessaire, lorsqu'on veut déterminer une roue à faire une révolution en un tems donné, de considérer le tems des vibrations du régulateur qui doit en régler la marche. Supposant donc que le pendule *AB* fait 7200 vibrations par heure, nous allons voir comment la roue *E* restera une heure à faire un tour, ce qui dépend du nombre de dents des roues et pignons. En donnant 30 dents à la roue de rencontre, elle fera un tour pendant que le pendule fera 60 vibrations, car à chaque tour de la roue une même dent agit une fois sur la palette *I*, ce qui fait faire deux vibrations au pendule. Ainsi la roue ayant 30 dents, elle fait faire 2 fois 30 vibrations, qui fait 60. Il faudra donc que cette roue fasse 120 tours par heure, puisque 60 vibrations qu'elle fait faire à chaque tour, sont contenues 120 fois dans 7200 vibrations que le pendule fait en une heure. Maintenant, pour déterminer le nombre des dents des roues *E*, *F*, et de leurs pignons *e*, *f*, il faut remarquer qu'une roue *E* fait d'autant plus faire de tours à son pignon *e*, pendant qu'elle en fait un, que le nombre de dents du pignon est contenu un plus grand nombre de fois dans celui des dents de la roue; car supposant que la roue *E* porte 72 dents et le pignon *e* 6, le pignon *e* fera 12 tours pendant que la roue en fera un, ce qui est évident, car chaque dent de la roue fait avancer une dent de pignon : ainsi, lorsque le pignon a avancé de six dents, ce qui fait sa révolution, la roue *E* n'a avancé que de six dents. Or, pour que la roue achève sa révolution, il faut qu'elle avance encore de 66 dents, lesquelles feront avancer 11 fois 6 dents du pignon, c'est-à-dire qu'elles lui feront faire 11 tours, qui, joints à un qu'il a fait, donne 12 révolutions du pignon pour une de la roue : par les mêmes raisons, la roue *F* ayant 60 dents et le pignon *f* six, elle fera faire 10 tours à ce pignon ; or la roue *F*, portée par le pignon *e*, fait 12 tours pour un de la roue *E* ; le pignon *f* fait donc 10 tours pour un de la roue *F* : le pignon *f* fait donc 12 fois 10 tours pour un de la roue *E*, ce qui donne 120 ; mais la roue *G*, qui est portée par le pignon *f*, fait faire 60 vibrations au pendule à chaque tour qu'elle fait ; cette roue *G* fait donc faire 60 fois 120 vibrations au pendule, tandis que la roue *E* fait une révolution, ce qui fait 7200, qui est le nombre de vibrations que fait le pendule en une heure ; la roue *E* reste donc une heure à faire une révolution ; on raisonnera de même pour tous les autres cas.

La roue *E*, faisant une révolution en une heure, on trouvera facilement combien une telle machine pourra marcher sans remonter ; car si la roue *D* a 80 dents et que le pignon *d* en ait 10, la roue *D* fera un tour pendant que le pignon en fera 8 ; ainsi cette roue *D* restera 8 heures à faire une révolution ; si donc la corde fait trois tours sur le cylindre *C*, le poids *P* restera 24 heures à descendre ; si elle est enveloppée de six tours, le poids restera deux jours, et ainsi de suite. Mais si on suppose que la roue *D* a 96 dents, et que le pignon *d* en a 8, alors cette roue restera 12 heures à faire un tour ; ainsi la corde étant enveloppée 16 fois sur le cylindre, la pendule ira 8 jours ; enfin, si on ajoutait une roue et un pignon au rouage de la pendule, et que la roue *D*, au lieu d'engrener dans le pignon *d*, engrenât dans ce pignon *ajouté*, et que la roue portée par ce pignon engrenât dans le pignon *d*, alors on aurait une pendule qui irait beaucoup plus de tems qu'elle ne faisait auparavant ; car la roue *ajoutée* ayant, je suppose, 96 dents, et le pignon *d*8, cette roue resterait 12 heures à faire un tour ; et le pignon ajouté ayant 8 dents, et la roue *D*80, ce pignon fera 10 tours pour un de la roue *D* : or la roue ajoutée qui porte ce pignon, fait un tour en 12 heures. La roue *D* restera donc 10 fois 12 heures à faire une révolution, c'est-à-dire, 120 heures, qui font 5 jours ; la corde étant enveloppée de 7 tours sur le cylindre, la pendule ira 35 jours sans remonter.

Il suit de là que l'on augmente le tems de la marche d'une machine, 1° en augmentant les dents des roues ; 2° en diminuant le nombre de dents des pignons ; 3° en multipliant les tours de la corde ; enfin, en ajoutant des roues et des pignons : mais il faut observer aussi, qu'à mesure que l'on augmente le tems de la marche d'une machine, le poids ou moteur restant le même, la force qu'il communique à la roue *GH* diminue à proportion.

Il nous reste à parler du nombre des dents des roues qui portent les aiguilles.

La roue *E* fait un tour par heure ; la roue *NN*, qui est portée par l'axe de la roue *E*, fait donc aussi un tour dans le même tems. Le canon de cette roue porte, comme nous l'avons dit, l'aiguille des minutes. La roue *N* a 30 dents, elle engrène dans la roue *O*, qui a aussi 30 dents et le même diamètre ; cette roue *O* reste donc une heure à faire un tour ; elle porte le pignon *p*, qui a six dents ; il engrène dans la roue *qq*, qui a 72 dents ; le pignon *p* fait donc 12 tours, pendant que cette roue *qq* en fait un ; celle-ci reste donc 12 heures à faire un tour : c'est le canon de cette roue qui porte l'aiguille des heures.

On doit observer que ce que nous venons de dire sur les révolutions des roues et le tems de la marche d'une pendule, est également applicable aux montres.

ARTICLE III.

Explication du Mécanisme de la Montre.

Les montres sont composées, ainsi que les pendules, de roues et de pignons, d'un régulateur qui détermine la vîtesse des révolutions des roues, et d'un moteur qui donne le mouvement à la machine ; mais le *régulateur* et le *moteur* d'une montre sont bien éloignés d'approcher de la bonté du régulateur et du moteur d'une pendule ; les montres sont des machines portatives, auxquelles on ne peut pas appliquer un pendule : ce *régulateur* ne peut s'employer qu'à des machines qui sont toujours en repos. Le poids, qui est le moteur des bonnes pendules, n'est pas plus applicable aux montres que le *pendule ;* on est donc obligé de substituer en place du pendule un *balancier* (*planche III*, *fig.* 5), lequel règle la marche de la montre. Et pour donner le mouvement aux roues et au balancier, on se sert du ressort (*planche II*, *fig.* 4), qui est le moteur de la montre.

Les roues des montres tournent dans une cage formée par deux platines et quatre piliers, comme dans les pendules : la première figure de la seconde planche, représente l'intérieur de la montre, lorsqu'on a ôté la platine (*fig.* 3). *A* est le tambour ou *barillet*, dans lequel est enfermé un ressort spiral, comme celui de la quatrième figure. Sur le tambour est enveloppée une chaîne, dont un bout tient au barillet, et l'autre à la pièce conique *B*, que l'on nomme *la fusée*.

Lorsqu'on remonte la montre, la chaîne qui était sur le barillet s'enveloppe sur la fusée, et l'on tend par ce moyen le ressort; car le bout intérieur du ressort est retenu par un crochet porté par l'axe, autour duquel le barillet tourne; or cet axe est immobile. Le bout extérieur du ressort s'arrête à un crochet fixé à la circonférence intérieure du barillet; celui-ci peut tourner autour de son axe : on conçoit donc comment le ressort se tend, et comment son élasticité oblige le barillet à tourner, et par conséquent la chaîne qui est sur la fusée, à se développer et à faire tourner par ce moyen la fusée; celle-ci entraîne avec elle la roue *CC*, laquelle engrène dans le pignon *c*, et lui communique l'action du ressort; ce pignon *c* porte la roue *D*, laquelle engrène dans le pignon *d*, qui porte la roue *E*, qui engrène dans le pignon *e*. Celui-ci porte la roue *F*, laquelle engrène dans le pignon *f* (*figure* 3), porté par les pièces *A*, *B*, qui tiennent à la platine. Cette platine (dont on ne voit qu'une partie) s'applique sur celle de la première figure ; ensorte que les pivots des roues entrent dans les trous faits à la platine (*fig.* 3) : ainsi les roues se communiquent le mouvement imprimé par le ressort ; et le pignon *f* engrenant pour lors dans la roue *F*, celle-ci l'oblige de tourner ; ce pignon porte la roue à couronne *GG*, *fig.* 2 et 3, qui est la roue d'échappement : cette roue agit sur les palettes, *fig.* 2 et 3. L'axe des palettes porte le balancier *HH*, *fig.* 2 ; le pivot 1 de la verge de balancier entre dans le trou *c*, fait à la pièce *A*, *fig.* 3. On voit dans cette figure les palettes ; mais le balancier est de l'autre côté de la platine, comme on le voit dans la *fig.* 2 de la *planche III*. Le pivot 3 du balancier entre dans le trou du coq, *BC* (*fig.* 1), vu en perspective (*fig.* 6) : ainsi le balancier tourne entre le coq et le talon *c* (*planche II*, *fig.* 3), comme dans une espèce de cage. L'action de la roue d'échappement sur les palettes 1, 2, *fig.* 2, se fait de la même manière que nous l'avons fait observer par rapport à la roue d'échappement de la pendule ; c'est-à-dire que dans la montre, la roue d'échappement oblige le balancier d'aller et de revenir sur lui-même, et de faire des vibrations. A chaque vibration du balancier, une palette laisse échapper une dent de la roue de rencontre, de sorte que la vîtesse du mouvement des roues est déterminée par la vîtesse des vibrations du balancier, et que ces vibrations du balancier et ce mouvement des roues sont produits par l'action du ressort ou moteur : or comme le balancier n'a pas de puissance qui détermine bien exactement la vîtesse de son mouvement, et qu'elle dépend surtout de la force du moteur : il suit de là que le moteur étant un ressort, il en résulte des inégalités, comme nous le ferons voir article V.

La vîtesse des vibrations du balancier ne dépend pas seulement de la force du grand ressort, elle est surtout déterminée par le ressort *abcd* (*planche III*, *fig.* 2), situé sous le balancier *H*, et vu en perspective, *fig.* 5; on l'appelle *spiral.* La propriété du spiral est de ramener le balancier sur lui-même, de quel côté qu'on le fasse tourner, c'est-à-dire que l'élasticité ou *ressort* du spiral fait faire des vibrations au balancier (lors même que la roue de rencontre n'agit pas sur lui), de même que la pesanteur de la lentille sert à produire les vibrations du pendule. Voici comment cela se fait : le bout extérieur du spiral est attaché au piton *a*, *fig.* 5; ce piton s'adapte après la platine en *a*, *fig.* 2; ainsi ce bout du spiral est comme fixé avec la platine; le bout intérieur du spiral est fixé par une cheville au centre du balancier : si donc on fait tourner le balancier sur lui-même, la platine restant immobile, alors le ressort se tendra, et d'autant plus, qu'on fera parcourir un grand arc au balancier. Or, si après avoir ainsi tendu le spiral, on abandonne le balancier à lui-même, alors l'élasticité du spiral ramènera le balancier, et par une propriété du ressort il fera aller et revenir le balancier alternativement sur lui-même, en lui faisant faire un assez grand nombre de vibrations.

La *fig.* 5 de la seconde planche représente toutes les roues de la montre dont nous avons parlé; elles sont arrangées de manière que l'on peut voir d'un coup d'œil, comment le mouvement est communiqué depuis le barillet jusqu'au balancier.

On voit (*fig.* 6 et 7) les roues qui sont situées sous le cadran, lesquelles servent à conduire et porter les aiguilles. Le pignon *a* est formé sur un canon ajusté à force sur le pivot prolongé de la roue *D*, *fig.* 1 et 5. Cette roue fait un tour par heure, le bout du canon du pignon *a* est quarré, l'aiguille des minutes entre sur ce quarré, le pignon *a*, *fig.* 6, engrène dans la roue *b*, laquelle porte un pignon *c*, qui engrène dans la roue *d*, *fig.* 7 : cette roue est fixée sur un canon dont le trou entre sur celui du pignon *a*, sur lequel elle tourne librement;

cette roue *d* fait un tour en 12 heures, son canon porte l'aiguille des heures.

Il me reste à expliquer ici l'effet de la fusée. Pour en sentir l'utilité, il faut savoir que la force d'un ressort augmente à mesure qu'on le tend davantage, ensorte que si le ressort, *fig.* 4, était enfermé dans le tambour *A*, *fig.* 5, et agissait immédiatement sur les roues, celles-ci agiraient sur le régulateur avec plus ou moins de force, selon les inégalités du moteur, et qu'ainsi ce régulateur irait plus vîte ou plus lentement, selon que ces impressions seraient plus ou moins inégales; or l'application que l'on a faite de la fusée *B*, *fig.* 5, corrige parfaitement ces inégalités du ressort; car lorsque le ressort est à son premier tour de bande, et que par conséquent sa force est la moindre, la chaîne agit en *o* sur le point le plus distant du centre de la fusée; ainsi, par la propriété du levier, le ressort agit avec avantage sur la roue *C*; et lorsque le ressort est monté au haut, alors la chaîne agit en *p* sur la plus petite partie ou petit levier de la fusée, ce qui diminue l'action du ressort; ensorte que dans l'un ou l'autre cas, l'action du ressort agit également sur la roue *C*, et par conséquent sur le rouage.

ARTICLE IV.

Des causes de la justesse des Pendules; du tems qu'elles mesurent; du degré de justesse des Pendules.

Ce que nous venons de dire dans les deux articles précédens, sur le mécanisme d'une pendule et d'une montre, est suffisant pour donner une idée de la manière dont ces machines mesurent le tems; mais il est à propos de faire remarquer ici la cause de la justesse des pendules, et à peu près le degré qu'on en peut attendre.

Si on écarte le pendule *AB* (*planc. I, fig.* 1) de la verticale, la lentille *B* redescendra par sa pesanteur; et par la vîtesse qu'elle aura acquise, elle remontera du côté opposé à la même hauteur dont on l'a laissé descendre; ensuite elle retombera par sa pesanteur, et continuera ainsi ses vibrations par le seul effet de la pesanteur sur la lentille.

Or comme l'action de la pesanteur est toujours la même, il suit de là que ce pendule fera ses vibrations de la même durée, s'il les fait de la même étendue. Cela bien entendu, on concevra aisément pourquoi une pendule doit aller avec une grande justesse ; car le pendule *AB* (*pl. I.*), étant ainsi mis en mouvement, l'effet du moteur et du rouage est, comme nous l'avons dit, de restituer au pendule la force qu'il perd à chaque vibration : or le poids *P*, agissant toujours avec la même force sur le rouage, l'action transmise au pendule est donc toujours la même ; le pendule fait donc des vibrations qui ont toujours la même étendue ; elles ont donc dans ce cas toujours la même durée ; les roues et par conséquent les aiguilles doivent donc tourner d'un mouvement uniforme ; ainsi le tems qu'elles indiqueront est égal et parfaitement semblable au tems moyen dont nous avons parlé ; d'où nous pouvons conclure que les pendules ne peuvent diviser et marquer naturellement que le tems égal ou moyen, et que toutes les fois que l'on voudra régler une pendule par le méridien, il faudra premièrement connaître les écarts du soleil, et les soustraire ensuite pour avoir le tems moyen, et juger par là si la pendule va bien. Nous pourrions faire voir par un raisonnement à peu près semblable, que les montres ne peuvent aussi marcher que d'un mouvement uniforme ; mais ce que nous venons de dire suffit. On doit donc être persuadé que la pendule ou la montre la plus parfaite qu'on puisse concevoir, est celle qui va d'un mouvement égal, bien éloignée de suivre les variations du soleil; car s'il arrive que ces machines varient, c'est sans aucune loi constante, cela dépendant du chaud, du froid, etc., comme nous le verrons article V.

On peut bien, par un mécanisme particulier, faire suivre les écarts du soleil aux pendules et aux montres, ce qui se fait dans les pièces que l'on appelle *pendules à équation* ou *montres à équation;* mais dans ce cas, elles sont tellement disposées, que pendant que les aiguilles et l'intérieur de la machine marchent d'un mouvement uniforme, une deuxième aiguille des minutes suit les variations du soleil. Pour donner le mouvement inégal à l'aiguille du tems vrai, on a imaginé une pièce en forme d'oyale, qu'on appelle *ellipse* ou *courbe*, laquelle fait avancer et rétrograder l'aiguille du tems vrai, pendant que l'autre tourne d'une égale vîtesse.

On est parvenu à donner un très-grand degré de perfection aux pendules : pour cet effet, on fait des lentilles pesantes, et qui décrivent de petits arcs, et l'on a diminué à proportion l'action de la force motrice, ensorte que lors même que la force motrice est un ressort, comme celui (*planche II*, *fig.* 4), les inégalités qui en sont inséparables, comme nous l'avons fait voir, ne changent cependant pas sensiblement la justesse de la pendule ; ensorte qu'une pendule à ressort ordinaire peut assez bien aller pour ne faire qu'une minute d'écart en quinze jours.

L'expérience nous a appris que la chaleur alonge tous les corps, que le froid les raccourcit, et que par conséquent les verges de pendules devenant plus longues, cela faisait retarder les pendules, et qu'étant plus courtes, cela les faisait avancer; on a imaginé différens moyens pour corriger ces effets, et l'on a assez bien réussi par ces différentes applications, pour pouvoir faire une pendule à secondes qui ne fasse qu'une minute d'écart par an.

ARTICLE V.

Des causes de variations des Montres ; du degré de justesse qu'on peut attendre de ces machines.

LA *justesse d'une montre dépend de la constante égalité des battemens du balancier.*

1°. Les vibrations du balancier se font plus vîte ou plus lentement selon que la force qui lui est communiquée par les roues est plus ou moins grande; donc la montre avance ou retarde selon l'inégalité de cette force.

2°. La vîtesse du balancier est déterminée par le plus ou moins de force du spiral. *Voyez* article IX. Or le spiral est plus ou moins élastique, selon qu'il fait chaud ou froid; la vîtesse de son mouvement change donc selon les impressions qu'il reçoit de l'air.

3°. La force qui entretient le mouvement de la montre est un ressort dont l'action n'est pas constante, elle diminue à la longue; la force du ressort change aussi selon qu'il fait chaud ou froid : ces inégalités changent donc la justesse de la montre.

4°. Le mouvement des roues, en tournant sur leurs pivots, en agissant les unes sur les autres, produit une résistance qu'on appelle *frottement*. Or cette résistance devient plus grande à mesure que le poli des pivots se détruit, et que l'huile qu'on met dans les trous pour adoucir le frottement s'épaissit; la force communiquée au balancier n'étant plus la même, la justesse de la montre doit donc changer.

5°. Le balancier d'une montre est susceptible de plus ou moins de vîtesse, selon qu'il éprouve une plus ou moins grande résistance de l'air. Mais les écarts produits par cette cause sont si petits, que l'on peut en quelque sorte les regarder comme nuls.

6°. Enfin les différens mouvemens, chocs,

positions, etc., auxquels une montre est exposée, tendent encore à déranger sa justesse.

En examinant ainsi séparément chacune des causes qui tendent à déranger les montres, on sera étonné de la justesse qu'on est parvenu à donner à ces machines ; cette justesse est telle, qu'une montre bien composée et exécutée, ne fait volontiers qu'une demi-minute d'écart par jour, on peut même porter cette précision plus loin. Quant à la justesse qu'il faut attendre des montres *ordinaires* ou *communes*, on ne devra pas se plaindre toutes les fois qu'elles ne feront qu'une minute d'écart par jour.

On peut juger par là de la grande différence de justesse d'une montre et d'une pendule ; car tandis qu'une montre fait une minute d'écart par jour, une pendule à ressort une minute en 15 jours, une bonne pendule à secondes ne fera qu'une minute en un an : une montre ordinaire fait donc autant d'écart par jour qu'une bonne pendule en un an.

REMARQUE.

On sait que quantité de gens disent que leurs montres ne font qu'une minute d'*écart* en 15 jours. Or si cela arrive effectivement, c'est plus l'effet du hasard que de la combinaison de ceux qui les ont faites ; car ces montres merveilleuses sont presque toujours ou de très-vieilles machines, ou sont faites par de mauvais horlogers, qui seraient très-embarrassés de dire pourquoi telle montre *va bien*, et d'en faire d'autres qui aillent de même. Je me défie d'ailleurs de ce que disent ces gens à miracles, lesquels comparent leurs montres avec le soleil, et qui, pour l'avoir vue d'accord en quinze jours, croient bonnement que cela prouve en faveur de la montre, ne faisant pas attention que dans l'intervalle de ce tems, la montre a pu varier d'un quart-d'heure plus ou moins, et se retrouver ensuite avec le soleil.

ARTICLE VI.

Différence d'une Montre qui n'est pas réglée, à celle qui varie : en quoi l'une et l'autre diffèrent de celle qui est réglée.

LORSQU'UNE montre n'est pas réglée, on ne manque pas de dire *qu'elle varie*, et conséquemment qu'elle ne vaut rien. Il y a cependant une grande différence entre une montre qui varie et une montre qui n'est pas réglée; car une montre peut être très-bonne, marcher d'un mouvement uniforme, et n'être cependant pas réglée sur le tems moyen; telle serait, par exemple, une montre qui, étant mise un jour quelconque avec une *bonne pendule*, avancerait ou retarderait constamment de 2 minutes en un jour, de 4 en 2 jours, de 24 minutes en 12 jours, et ainsi de suite, toujours du même sens et en proportion du tems; dans ce cas, on devra dire que cette montre va d'un mouvement égal, mais qu'elle n'est pas réglée sur le tems moyen; on ne pourra pas dire qu'elle varie. Il est très-facile de régler une telle montre; il ne faut que toucher à l'aiguille de rosette, comme nous l'expliquerons article IX.

Une montre qui est tantôt en avance et tantôt en retard sur une bonne pendule, *est une montre qui varie.* Lorsque ces écarts sont de plusieurs minutes en 24 heures, il faut la donner à un habile horloger pour la corriger; car il est inutile de toucher à l'aiguille de rosette, le vice étant dans l'intérieur de la machine.

Enfin une montre est réglée, lorsque non-seulement elle marche d'un mouvement uniforme, mais lorsque de plus elle suit le tems moyen.

ARTICLE VII.

Comment on peut vérifier la justesse d'une montre.

POUR parvenir à connaître le degré de justesse d'une montre, il faut la mettre à l'heure d'une bonne pendule, et la laisser marcher 24 heures dans une même situation, comme par exemple, suspendue par son cordon; noter de 6 en 6 heures, ou de 5 en 5 plus ou moins, les écarts qu'elle fera sur la pendule; or si elle retarde ou avance (ce qui est égal, pourvu que ce soit toujours de l'un ou l'autre sens) d'une minute, je suppose, dans les six premières heures; d'une autre minute dans les six heures suivantes, et ainsi de suite, de manière qu'en 24 heures elle ait retardé ou avancé de 4 minutes; ce sera dans ce cas une preuve que le grand ressort agit uniformément sur le rouage, et celui-ci sur le balancier. On continuera ainsi pendant quelques jours à l'examiner dans la même situation, pour voir si elle avance ou retarde constamment de la même quantité dans le même tems.

On portera ensuite sa montre dans le gousset pendant 10 ou 12 heures plus ou moins : or si elle fait le même écart que lorsqu'elle était suspendue et dans le même sens, à proportion du tems ; c'est-à-dire, si en 6 heures elle retarde d'une minute, c'est une marque certaine que le mouvement *du porté* n'y influe point. On pourra donc dire qu'une telle montre va bien. Pour la régler, il ne faudra que toucher à l'aiguille de rosette.

Mais si votre montre, après avoir retardé de 4 minutes en 24 heures lorsqu'elle était suspendue, vient ensuite à avancer, étant portée, ou bien à retarder d'une plus grande quantité que lorsqu'elle était suspendue, comme de 6 minutes en 24 heures, par exemple, vous pourrez dire qu'elle varie ; ainsi vous ne parviendrez à la régler qu'après y avoir fait toucher par un horloger habile.

Pour juger de la justesse d'une montre, il faut surtout observer de ne pas la mettre à l'heure avec la première horloge venue, ou sur une autre montre, ou bien avec un méridien, et de voir ensuite d'autres méridiens, montres ou d'autres horloges, car il arrive presque toujours que les méridiens, horloges, montres, diffèrent entr'elles d'un quart-d'heure plus ou moins. Or ces personnes décident aussitôt que leurs montres *vont mal*, tandis que ce sont les horloges, montres, méridiens, auxquels ils ont comparé leurs montres, qui ont fait ces écarts, ou qui n'étaient pas mis à la même heure : ainsi il arrive qu'une très-bonne montre va comme une *patraque* dans certaines mains, et passe en effet pour telle. Lorsqu'on veut comparer une montre, il faut se servir d'une bonne pendule, et toujours de la même ; ou, si on se sert d'un méridien, la vérifier toujours avec le même ; car les méridiens peuvent aussi différer entre eux de plusieurs minutes.

ARTICLE VIII.

Il est nécessaire que chaque personne conduise sa Montre, la règle et la remette à l'heure tous les huit ou dix jours.

Nous avons fait voir, article V, que la régularité des montres est dépendante du chaud, du froid, des frottemens, etc. Il en résulte donc :

1° Que les montres doivent varier de l'été à l'hiver : en général elles avancent en hiver et retardent en été ; il y en a cependant qui font le contraire ;

2° Que les montres avancent ou retardent selon la chaleur du gousset des personnes qui les portent : ainsi une montre qui sera réglée chez l'horloger, pourra bien ne l'être plus lorsque vous la porterez;

3° Que les changemens de frottemens, l'épaississement des huiles, l'affaiblissement du grand ressort changent insensiblement la régularité d'une montre : ainsi, pour qu'elle continue à être réglée, il faut tourner l'aiguille de rosette à proportion du retard que ces causes ont produit. Il faut donc que chaque personne conduise et règle sa montre; et pour peu qu'elle soit bonne, elle ira constamment bien; car une montre qui est toujours entre les mains de la même personne, est sensiblement exposée tous les jours à la même température, mouvement, position, etc. Il ne sera besoin, pour lors, que de la remettre tous les huit ou dix jours à l'heure avec une bonne pendule ou avec le méridien. Et quand les changemens qui résultent des frottemens, épaississemens d'huile, etc., auront agi, de façon à faire retarder sensiblement votre montre, il faudra tourner l'aiguille de rosette, pour régler de nouveau la montre.

ARTICLE IX.

Usage du spiral ; comment il faut toucher à l'aiguille de rosette de la Montre pour la régler.

Les vibrations du balancier se font avec plus ou moins de vîtesse, selon que le spiral est plus fort ou plus faible ; s'il est plus fort, les vibrations sont plus promptes, et s'il est plus faible, elles sont plus lentes.

Si on alonge le même spiral, les vibrations du balancier seront plus lentes, car il deviendra plus foible ; et si au contraire on le raccourcit, il sera plus fort, et les vibrations plus promptes : c'est précisément ce moyen que l'on met en usage pour régler les montres ; si elles avancent, on alonge le spiral, et si elles retardent, on le raccourcit : cet effet est celui qui résulte du chemin qu'on fait faire à l'aiguille de rosette ; je vais en faire voir l'effet.

On appelle *aiguille de rosette*, la pièce *d*, *planche III*, *fig.* 1 (*), mise quarrément sur l'axe de la roue *K*, *fig.* 2 ; celle-ci porte des

(*) On reconnaîtra aisément les pièces dont je parle ici, lesquelles on verra en ouvrant la montre.

dents qui engrènent dans le *râteau* (*) *b*, *c*, lequel tourne autour du centre du balancier, sous la *coulisse IL*, vue en perspective, *fig.* 4. Lorsqu'avec une clef on fait tourner l'aiguille *d* et la roue *K*, celle-ci oblige le râteau de tourner : or ce râteau porte le bras *b*, *fig.* 2, sur lequel sont fixées deux chevilles. Le spiral passe assez juste entre ces deux chevilles, de sorte que ce ressort n'est flexible que du point *b*, en suivant le spiral jusqu'au centre du balancier ; ainsi le spiral agit avec plus ou moins de force sur le balancier, selon que ces chevilles sont amenées en *a*, en *b*, ou en *c* : lorsqu'elles sont en *c*, le spiral est plus fort, ce qui fait avancer la montre ; au contraire, les chevilles étant conduites en *a*, le spiral est plus faible, ce qui fait retarder la montre.

Pour faire avancer une montre, il faut donc tourner l'aiguille de rosette de *R* en *A* ; car dans ce cas, la roue *K* a fait venir le bras *b* en *c* ; et au contraire, pour faire retarder la montre, il faut tourner l'aiguille de *A* en *R*.

On tirera donc de là cette règle :

Lorsqu'une montre retarde, il faut tourner l'aiguille de rosette en avant ; c'est-à-dire, du même côté qu'on ferait tourner les aiguilles de la montre, pour les conduire de midi à une heure ; et au contraire, lorsqu'elle avance, il faut tourner l'aiguille de rosette en arrière, c'est-à-dire du même côté qu'on ferait tourner les aiguilles de la montre, pour les amener de une heure à midi.

Quant à la quantité dont on doit tourner l'aiguille de rosette, à chaque fois qu'il est besoin de régler sa montre, il faut savoir qu'elle n'est point la même à chaque montre ; car si on fait tourner en avant l'aiguille de rosette d'une montre, d'une division du petit cadran, et que cela la fasse avancer de trois minutes en vingt-quatre heures, la même quantité dont on tournera l'aiguille de rosette d'une autre montre, au lieu de faire avancer de trois minutes, ne le fera que d'une demi-minute ou de quatre, plus ou moins ; ainsi on ne peut pas dire ; *si ma montre a avancé de tant en vingt-quatre heures, il faut tourner l'aiguille de tant ;* bien loin de là, car on ne parvient à trouver cette quantité qu'en tâtonnant. Mais pour abréger on fera usage de la règle suivante.

EXEMPLE.

On a mis sa montre à l'heure d'une bonne pendule ; au bout de vingt-quatre heures la montre a avancé de quatre minutes ; on a tourné en arrière l'aiguille de rosette d'une division, et remis de nouveau la montre avec la pendule ; au bout de vingt-quatre heures la montre avance encore de deux minutes : un degré de la rosette parcouru par l'aiguille, répond donc à deux minutes d'avance en vingt-quatre heures ; ainsi, pour régler la montre, il faudra encore tourner d'un degré.

Pour amener facilement et promptement une montre, au point d'être à peu près réglée, il faut conduire l'aiguille de rosette d'une extrémité à l'autre ; c'est-à-dire, que si la montre retarde, il faut avancer l'aiguille, de sorte que la montre avance ensuite, et à peu près d'autant qu'elle retardait ; pour lors on n'a qu'à amener l'aiguille en arrière, en lui faisant faire la moitié du chemin dont on l'avait avancée.

REMARQUE.

Ce que je viens de dire sur la manière de régler les montres construites comme celles *fig.* 1 et 2 (*pl. III*), qu'on appelle *à la française*, est également applicable aux montres *à l'anglaise*, *fig.* 3. Ainsi, pour régler une montre *à l'anglaise*, on fait, de même qu'à celle *à la française*, tourner le quarré *o*, *fig.* 3, au moyen de la clef : mais dans celle-ci le quarré porte le cadran gradué *A*, lequel tourne avec le quarré, tandis que l'index *H* est immobile ; au lieu que, comme on l'a vu, lorsqu'on règle une montre *à la française*, *fig.* 1 et 2, le cadran reste immobile, et c'est l'aiguille qui tourne : si donc une montre *anglaise* retarde, il faut faire tourner le cadran en avant, tout comme si c'était l'aiguille, et remarquer le nombre des vibrations qui passent par l'index *H*, ou par tout autre point immobile situé autour du cadran ; et si elle avance, tourner le cadran en arrière.

ARTICLE X.

De la manière de régler les Pendules.

PLUS un *pendule* est long, et plus ses vibrations sont lentes, et au contraire plus il est court, et plus elles sont promptes : si donc on alonge le *pendule* (*) d'une horloge ou pendule, on la fera retarder ; et si on le racourcit on la fera avancer : c'est le moyen dont on se sert pour régler ces machines. Pour cet effet, on dispose

(*) La longueur d'un pendule se mesure depuis le point *A*, qu'on nomme *centre de suspension*, jusqu'au point *B*, qu'on appelle *centre d'oscillation* : la lentille plus ou moins pesante ne change pas la vîtesse des vibrations.

la verge *AV* (*planche IV*, *fig.* 2) du pendule, de manière que la lentille *B* peut monter et descendre séparément de la verge. On ajuste au bas de la verge un *écrou CD*, qui entre à vis sur le bout de la verge ; c'est lui qui retient la lentille après la verge. Lorsqu'on fait tourner l'écrou de *D* en *C*, c'est-à-dire en arrière, on fait descendre la lentille, et par conséquent retarder la pendule ; et au contraire, en le tournant en avant, c'est-à-dire de *C* en *D*, on remonte la lentille, et la pendule avance.

Il faut observer que dans la plupart des pendules qu'on fait aujourd'hui, la lentille est enfermée dans la boîte, de sorte qu'on ne peut pas toucher à l'écrou, et même qu'on n'en met point ; mais ces pendules sont, dans ce cas, disposées de sorte qu'on les règle en faisant tourner un quarré qui passe au haut du cadran. En faisant tourner ce quarré (au moyen d'une clef de montre) de gauche à droite, on accourcit le pendule et on fait avancer l'horloge ; et au contraire, en tournant de droite à gauche, on alonge le pendule, et on fait retarder l'horloge.

Les *pendules* qui ont trois pieds huit lignes et demie de *A* en *B*, font chaque vibration en une seconde, c'est-à-dire 60 par minute, et 3600 par heure. Or si on descend d'une ligne la lentille d'un tel *pendule*, la pendule retardera d'une minute 38 secondes en 24 heures ; tandis qu'en faisant descendre d'un quart de ligne seulement la lentille d'un *pendule* de neuf pouces deux lignes et un quart, la pendule où un tel *pendule* serait appliqué, retarderait d'une minute 38 secondes en 24 heures ; d'où l'on voit que la quantité dont on doit tourner l'écrou pour régler l'horloge, change selon que les *pendules* sont plus longs ou plus courts ; d'ailleurs cette quantité varie encore selon que les pas de la vis sont plus ou moins distans ; ainsi on ne peut pas prescrire exactement combien on doit tourner l'écrou pour tel écart. Mais pour éviter le tâtonnement, on se servira de la règle suivante.

EXEMPLE.

Mettez la pendule donnée sur l'heure d'une autre pendule réglée, ou avec un méridien, observez combien elle a avancé ou retardé en 24 heures ; je suppose qu'elle a avancé de trois minutes : tournez l'écrou en avant de dix divisions, plus ou moins, s'il est *gradué ;* s'il ne l'est pas, faites-le tourner d'un quart de tour en avant ; remettez-la de nouveau à l'heure ; voyez-la au bout de 24 heures. Si elle avance encore d'une minute, je suppose, ce sera une preuve que 10 divisions de l'écrou *gradué*, ou un quart de tour de celui qui ne l'est pas, a fait avancer la pendule de 2 minutes en 24 heures ; ainsi, pour la régler, on n'aura plus qu'à avancer l'écrou de 5 divisions ou d'un huitième de tour ; on appliquera le même raisonnement pour les autres cas.

ARTICLE XI.

Comment il faut régler les Pendules et les Montres, pour le passage du Soleil au Méridien.

J'AI supposé jusqu'ici que pour régler une montre, on avait la facilité d'en comparer la marche avec une bonne pendule déjà réglée sur le tems moyen ; mais la plupart des personnes qui ont des montres, n'ayant pas de telles pendules de comparaison, il faut se servir d'un moyen qui puisse aisément s'employer en différens pays ; ce moyen est celui du passage du soleil au méridien ; mais les méridiens n'étant pas encore fort communs, on trouvera dans l'article suivant, la manière d'en tracer d'assez bons pour régler les pendules et les montres.

On sait que le soleil varie (*voyez* art I), et que les pendules et les montres doivent suivre le tems moyen. Lors donc que l'on réglera une pendule ou une montre sur le méridien, il faudra faire abstraction des écarts du soleil.

Les variations du soleil sont indiquées pour chaque jour de l'année dans les tables d'équation, placées à la fin de ce livre. La première colonne de chaque mois marque les jours du mois ; les lettres initiales *R* ou *A* qui précèdent les chiffres de la seconde colonne, sont pour désigner le sens de la variation du soleil : les chiffres de cette deuxième colonne marquent le nombre de minutes et de secondes dont le midi du soleil avance ou retarde sur le midi, tems moyen : ainsi, on voit que le premier janvier, le soleil retarde sur le tems moyen de 3 minutes 59 secondes ; qu'il avance le premier septembre de 0 minute 27 secondes, etc.

La dernière colonne de chaque mois marque, pour chaque jour de l'année, le nombre de secondes dont le soleil varie en 24 heures sur le tems moyen. Ce sont ces quantités qui, ajoutées ou soustraites, forment l'équation du soleil : ainsi on voit qu'en ajoutant à l'équation 3 minutes 59 secondes du premier janvier, 29 secondes qu'il a varié du premier au 2, on aura 4 minutes 28 secondes, qui fait l'équation du 2 janvier ; et si on soustrait de l'équation du premier mars, qui est 12 minutes 36 secondes, la quantité 13 secondes dont il a varié du premier au 2, on aura, pour l'équation du 2 mars, 12 minutes 23 secondes. Cette dernière colonne n'est pas fort utile pour régler les montres, elle sert à faire voir d'un coup d'œil l'écart que fait le soleil chaque jour.

Régler une Pendule ou une Montre sur le tems moyen, par le passage du Soleil au Méridien.

On veut mettre, le 6 octobre, par exemple, sa montre sur le tems moyen : on verra pour cet effet, dans la table d'équation, de combien le midi du soleil diffère du tems moyen; on trouve qu'il avance ce jour-là de 12 minutes : ainsi, à l'instant du passage du soleil au méridien, on mettra le midi de la montre 12 minutes en retard (*) de celui du méridien. La montre sera donc sur le tems moyen. Pour voir si elle est réglée, on attendra quelques jours pour revoir le méridien, jusqu'au 14, par exemple ; on verra dans la table de combien le soleil avance le 14 ; on trouve 14 minutes : or si la montre est réglée,

(*) La raison de cette opération est simple, car lorsque le midi du soleil avance, c'est dire que le tems moyen retarde ; et au contraire, si le soleil retarde, c'est dire que le tems moyen avance.

il faut que, lorsqu'il sera midi au soleil, le midi de la montre soit de 14 minutes en retard ; si elle diffère plus ou moins de 14 minutes, c'est une preuve qu'elle n'est pas réglée ; on touchera donc à l'aiguille de rosette à proportion de l'écart.

REMARQUE.

On tirera de cet exemple une règle propre à vérifier exactement la marche d'une pendule ; c'est que si on a mis le 6 octobre (ou tel autre jour) le midi de la pendule sur le tems moyen, cette pendule étant supposée réglée, le soleil devra avancer, par rapport à elle, de 16 minutes 9 secondes le premier novembre ; il retardera de 4 secondes le 23 décembre ; il devra retarder de 14 minutes 44 secondes le 11 février, et s'en écarter ainsi de suite, comme il est marqué dans la table d'équation : cela suit des notions que nous avons données du tems vrai et moyen, article I.

Pour mettre exactement une pendule à secondes à l'heure du méridien, il faut se servir d'une montre à secondes que l'on arrête sur midi, par le moyen de la détente *F* (*planche III*, *fig.* 2), que l'on pousse, et dont la partie *G* arrête le balancier, jusqu'au moment où l'astre passe au méridien ; dans cet instant on retire la détente *F*, et la montre marche. De cette manière on a le tems du passage avec une grande précision. Il ne s'agit plus que de mettre l'heure de la pendule d'après la montre.

Faire suivre les variations du Soleil à une Montre, et la régler en même tems.

EXEMPLE PREMIER.

On a mis le 10 janvier sa montre avec le soleil et on veut la remettre le 20 ; avant de toucher aux aiguilles, on verra de combien la montre diffère du soleil; je suppose qu'elle avance de 3 minutes sur le méridien, on la remettra avec le soleil ; et pour savoir si c'est la montre qui a varié, on verra quelle est la différence de l'équation du 10 et du 20 janvier : on trouve que le 10 janvier le soleil retarde de 8 minutes, et que le 20 il retarde de 11 minutes et demie; c'est donc 3 minutes et demie dont il retarde de plus le 20; la montre doit donc être en avance de 3 minutes et demie sur le soleil : si elle diffère de plus ou moins, on touchera à l'aiguille de rosette à proportion de l'écart.

EXEMPLE II.

On a mis la montre au méridien le 11 décembre ; on veut savoir, le 31, si elle va juste ;

voyez l'équation de ces deux jours ; on trouve que le 11 décembre, le soleil avance de 6 minutes, et qu'il retarde le 31 de 4 minutes ; il a donc avancé de 10 minutes du 11 au 31. Si la montre est réglée, elle doit être en retard de 10 minutes ; car si elle se trouve juste au méridien, ce serait une preuve qu'elle aurait avancé de 10 minutes. Si l'écart est plus grand, on touchera à l'aiguille de rosette : on raisonnera de même pour tous les autres cas.

Usage du Cadran d'Equation, planche IV, figure première.

J'AI fait exécuter un cadran de montre, lequel peut tenir lieu de table d'équation. Il marque la différence du tems vrai au tems moyen, pour chaque mois de l'année. Son usage est de régler la montre où il est appliqué, et pour savoir toujours l'heure du tems vrai et du tems moyen.

Ce cadran est divisé en douze parties, qui forment les mois de l'année ; chaque mois est divisé en trois époques ; savoir, le 10, le 20 et le dernier du mois : au-dessous de chaque époque est marqué le nombre de minutes dont le soleil avance ou retarde ces jours-là sur le tems moyen ; les lettres initiales *A* ou *R*, qui sont à chaque mois, marquent le sens de l'écart du soleil : ainsi, en février, on voit que le soleil retarde ; savoir, le 10 de 15 minutes; le 20 de 14 minutes, et le 28 de 13 minutes.

Quand l'équation change, on voit immédiatement avant le nombre de minutes, la lettre initiale qui l'annonce; ainsi ce cadran peut être conçu sans autre explication. Jai dit, article VIII, qu'il faut remettre sa montre à l'heure tous les 8 ou 10 jours; on peut se servir des époques 10, 20, et derniers jours du mois marqués par le cadran; ainsi, en remettant sa montre ces jours-là avec le soleil, on verra si elle a varié depuis la dernière fois qu'on l'a mise, et on la réglera en conséquence, en se servant des méthodes que j'ai indiquées ci-devant, et faisant usage du cadran, comme d'une table d'équation.

ARTICLE XII.

Manière de tracer des lignes méridiennes propres à régler les Pendules et les Montres.

1°. *Tracer une ligne méridienne sur un plan horizontal* (*).

AYEZ une pierre (**) *ABCD* (*planche IV, fig.* 3), bien plane et unie, que vous poserez horizontalement au moyen du niveau, *fig.* 4. Pour cet effet, vous ferez caler la pierre jusqu'à ce que le fil de l'à-plomb reste toujours dans la verticale *v*, après quoi il faudra la fixer solidement. Placez à l'extrémité de cette pierre, du côté où le soleil paraît à midi, le style ou

(*) On appelle horizontale une surface qui ne penche d'aucun côté; telle est sensiblement le dessus d'une table, ou, plus exactement, l'eau qui repose dans un vase.

(**) La plus grande sera la meilleure; il faut lui donner deux ou trois pieds de longueur; car plus la ligne que l'on tracera sera longue, et le *style* ou *index* élevé, et plus la méridienne sera juste: c'est par cette raison qu'une ligne tracée sur un plancher, ou celle qui est tracée sur un mur, est préférable à cette première.

index *EG* (*), dont la plaque *E* soit percée à son centre d'un trou qui ait environ une ligne, et soit propre à laisser passer la lumière du soleil : faites passer par le milieu de ce trou le fil de l'à-plomb, *fig*. 6 ; marquez sur la pierre le point qui répond au-dessous de la pointe *n* : de ce point *F* comme centre, tracez avec un compas les circonférences *a*, *b*, *c*. Observez avant 9 heures ou 9 heures et demie le moment auquel la lumière qui passe par le trou du style, viendra couper cette circonférence ; marquez bien exactement dans la circonférence *c*, et par le milieu de l'ombre, le point *H* sur le plan ;

(*) Pour trouver la hauteur du style, il faut mesurer la distance du point *F* jusqu'à l'extrémité *M* de la pierre ; ce qui donnera la longueur de la ligne méridienne. Ce point *F* se trouvera à peu près, en réservant à l'extrémité *G* de la pierre et en dehors de *F*, la place pour la base *G* du style, à peu près comme on le voit dans la figure 3. Ayant ainsi trouvé la longueur *FM* de la ligne, on cherchera dans la table qui est à la suite des tables d'équations, quelle doit être la hauteur qui convient à cette ligne, que je suppose de 2 pieds ; on trouve dans la table, à côté de 2 pieds, le nombre de 7 pouces 7 lignes : on fera donc un style *GE*, qui soit tel que de *E* en *F* il y ait juste 7 pouces 7 lignes : on scellera ce style après la pierre ; de cette manière on sera assuré qu'en hiver, lorsque le soleil est le moins élevé sur l'horizon, l'ombre de la plaque ne portera ni trop en dehors du plan, ni trop en dedans, mais juste à l'extrémité.

observez après midi l'endroit *I*, où la lumière viendra couper la même circonférence ; divisez l'arc *HI* en deux également ; du milieu *c* et du point *F* menez la ligne *MF*, qui sera la méridienne cherchée.

1°. *Tracer une méridienne sur le parquet ou carreau d'une chambre.*

Pour tracer une telle ligne, il faut premièrement trouver l'instant de midi sur un plan horizontal ; pour cet effet on peut placer la pierre dans un jardin (*), qui ne soit pas fort éloigné de la chambre où l'on veut tracer la ligne méridienne ; on peut aussi la poser sur l'appui d'une fenêtre, si la situation le permet : après avoir fixé horizontalement cette pierre, qui aura deux ou trois pieds, on fera tourner une pièce ou quille de bois (*planche IV, fig.* 5), dont la boule *b* ait environ 6 lignes de grosseur et soit élevée au-dessus de sa base ; de manière qu'à neuf heures l'ombre de la boule porte à l'extrémité de la pierre : on fixera au centre de la base *B* une pointe *P*, laquelle on fera entrer dans un trou fait en *F* (*fig.* 3) à la pierre du côté du midi ; de ce trou, comme centre, vous décrirez les circonférences *a*, *b*, *c*, et trouve-

(*) Ou autre lieu situé en plein air.

rez, comme dans l'exemple précédent, la ligne *MF*, qui donnera le midi demandé.

On fixera ensuite à l'embrasure de la fenêtre de la chambre où on veut tracer la méridienne, un style ou index qui ait un trou d'environ trois lignes de grosseur. Mais pour ne pas donner trop ou trop peu de hauteur à ce style au-dessus du plancher avant de le sceller, il faut mesurer, à l'heure de midi, la distance qu'il y a depuis l'embrasure de la fenêtre jusqu'à l'extrémité de la chambre, en suivant pour cela la direction indiquée par l'ombre que fait le côté de la fenêtre sur ce plancher; cela donnera la longueur de la ligne méridienne, laquelle je suppose de dix pieds; on verra dans la table indiquée ci-dessus, la hauteur que doit avoir le style; on trouvera 3 pieds 2 pouces un quart. On scellera donc à l'embrasure de la fenêtre un style dont le milieu du trou soit élevé au-dessus du plancher de 3 pieds 2 pouces un quart. On attendra le lendemain le moment où l'ombre de la boule du plan horizontal sera partagée en deux par la ligne *MF*; dans l'instant (*) on marquera sur

(*) On conçoit que pour saisir cet instant, il faut deux personnes, l'une qui observe sur le plan horizontal le moment de midi, et l'autre qui attende cet instant pour marquer sur le plancher le milieu de l'image solaire, dès que son correspondant a fait le signal convenu.

le plancher le centre de lumière qui passe à travers le trou du style fixé à la fenêtre ; le point en sera un de la méridienne. Pour en trouver un second, il faut tendre un fil depuis le milieu du trou du style jusqu'au point de midi marqué sur le plancher ; on suspendra à ce fil l'à-plomb, *fig.* 6, assez en dedans de la chambre, pour éviter *seulement* l'appui de la fenêtre, ou tel autre obstacle qui peut se trouver sous le style ; on marquera sur le plancher un point qui soit exactement sous la pointe de l'à-plomb ; de ce point et de celui déjà trouvé, on tracera une ligne qui sera la méridienne cherchée.

3°. *Tracer une ligne méridienne sur le mur d'une maison ou d'un jardin.*

TROUVEZ de la manière que je l'ai dit ci-dessus, le moment de midi sur un plan horizontal ; déterminez la longueur que peut avoir la ligne ; trouvez la hauteur du style qui lui convient (*) ; faites sceller le style après le mur, de manière que le milieu du trou du style soit éloigné du mur, de la hauteur indiquée par la table ; attendez que l'ombre de la boule ou

(*) Cette hauteur du style ne conviendra que dans le cas où le mur sera bien au midi ; car s'il décline d'un côté ou d'autre, le style devra être plus court ou plus long.

style du plan horizontal soit partagée par la ligne *MF*; dans le moment marquez sur le mur le milieu de l'image solaire qui passe par le style; suspendez l'à-plomb, de manière que le fil divise le point de midi en deux; marquez à l'extrémité où le fil est suspendu, un autre point qui soit aussi divisé en deux par ce fil; faites passer par ces deux points une ligne qui sera la méridienne cherchée.

Construction du Niveau. (Pl. IV, fig. 4.)

Si on n'a pas de niveau pour placer horizontalement la pierre sur laquelle on veut tracer une méridienne, on pourra aisément la construire soi-même de la manière suivante.

Ayez un bout de planche, *fig.* 4, qui soit dressée d'un côté; divisez-le en deux parties égales; du point milieu *v*, comme centre, décrivez le demi-cercle *a*, *b*; des points *a*, *b*, décrivez les deux portions de cercle *c* qui se coupent en *c*; tirez des points *c* et *v*, la ligne *c*, *v* qui sera perpendiculaire au côté *ab*: ainsi, en attachant au point *c* un fil qui suspende la boule *d*, on aura un niveau.

ARTICLE XIII.

Des précautions à mettre en usage, pour acquérir de bonnes Montres et Pendules.

QUOIQU'IL y ait une très-grande différence d'une montre bien faite à une médiocre, de celle qui est bien construite à celle qui ne l'est pas ; il est bien difficile de donner des règles, pour que tout autre qu'un artiste puisse en juger ; puisqu'une partie de ceux qui professent l'Horlogerie, ne sont pas fort en état de le faire.

J'indiquerai donc ici quelques moyens qui pourront suppléer à ces règles.

1°. Il faut s'adresser à un artiste dont la réputation soit faite, et autant établie sur les sentimens d'honnête homme, que sur le talent. Cette première condition qu'on exige d'un artiste est inutile si l'autre ne l'accompagne.

2°. La bonté d'une pendule ou d'une montre ne dépend pas tant de l'extrême bonté d'exécution de chaque partie qui la compose, que de l'intelligence de l'artiste, et des principes qu'il a suivis ; car une montre parfaitement bien exécutée, peut aller très-mal (ce qui arrive assez souvent), tandis qu'une montre qui sera médiocrement bien faite en apparence, ira fort juste : les soins d'exécution sont très-essentiels, mais il faut savoir les appliquer. Une parfaitement bonne montre ou pendule, est donc celle où l'on a réuni les principes et une bonne exécution : il est vrai qu'il est assez rare de voir ces parties réunies dans le même ouvrage ; mais si on ne peut acquérir de pareilles machines, au moins doit-on préférer à la main brillante d'un ouvrier qui ne sait pas raisonner, l'artiste qui possède les principes de son art, et dont l'étude suivie et des expériences délicates ont formé la théorie.

3°. Pour avoir une bonne montre, il faut laisser la liberté à l'artiste de la construire à son gré, sur les principes qu'il imaginera les plus propres à donner de la justesse ; en lui recommandant cependant de suivre plutôt une construction que le tems et l'usage ont confirmée, qu'une autre qui ne dépend que d'un système idéal démenti par l'expérience.

4°. Comme la différence d'une pendule ou d'une montre bien faite à celle qui ne l'est pas, est très-grande, ainsi que je l'ai dit, la différence du prix d'une montre bien faite et bien construite à une qui ne l'est pas, doit de même être très-grande, ce qui est bien aisé à concevoir ; car pour faire des pendules et des montres les plus parfaites possibles, il faut avoir le génie des machines, et joindre à cela une bonne exécution, la moindre partie d'une montre exigeant des soins et des raisonnemens suivis. Or ces soins, ces raisonnemens ne s'acquièrent que par un travail très-long, et par une étude particulière; et on ne les applique qu'en y employant beaucoup de tems. Mais si le tems qu'un habile artiste emploie à exécuter une bonne montre, est double du tems qu'emploie un artiste médiocre, par cette seule raison son ouvrage doit être payé le double de l'autre. Enfin les raisonnemens qu'il y applique, l'étude qu'il fait pour perfectionner ce qu'il exécute, exigent sans doute qu'on fasse une différence de son ouvrage d'avec celui de son confrère malhabile. Or, pour porter un artiste à bien faire, il faut le payer proportionnément à son talent, et ne le pas borner; sans quoi vous le forcerez à vous donner des montres ou pendules médiocres, semblables à celles que font les manœuvres horlogers, et que vendent les marchands.

5°. Pour avoir une montre qui soit constamment bonne, même en passant entre les mains d'un ouvrier médiocre, il faut qu'elle soit d'une grosseur moyenne, et éviter l'extrême *petitesse*. Une petite montre peut cependant aller aussi bien qu'une montre ordinaire; mais comme les petites montres sont infiniment plus difficiles à exécuter, le nombre des bonnes en est très-petit;

elles sont d'ailleurs plus sujettes à être *estropiées* par les ouvriers qui les raccommodent.

6°. Les pendules et les montres sont des machines dont la principale propriété est de mesurer le tems; ainsi le but qu'un habile artiste doit avoir en changeant la construction de ces machines, doit être de leur donner un plus grand degré de justesse, ou bien de leur faire produire un plus grand nombre d'effets. Toutes les fois donc que l'on verra dans une montre une augmentation d'ouvrage qui ne tendra pas à ce but, on peut décider à coup sûr que celui qui l'a faite est un ignorant, ou qu'il veut en imposer à ceux qui le sont. Un artiste qui a du génie et qui aime son art, ne s'occupe au contraire que des moyens de perfectionner les machines qu'il construit, et il ne fait que des changemens qui ont une utilité marquée ; un tel artiste doit donc faire bien peu de cas de ces choses singulières et inutiles comme sont, par exemple, les montres dont on découpe les platines, celles dont on cache les roues dans l'épaisseur des platines, pour faire croire qu'elles sont plus simples, etc. On doit donc faire choix de montres dont la construction soit simple et solide, et faites sur un plan qui concilie la bonté des principes et l'exécution facile, choses très-essentielles, si on veut avoir une montre qui dure : car il est à remarquer qu'une montre ordinaire, qui était bonne dans son origine, est devenue mauvaise par les différentes mains dans lesquelles elle a passé ; à plus forte raison cela arrivera-t-il à ces montres dont on augmente les défauts et les difficultés d'exécution.

Quant à la manière de connaître des montres par l'essai, il est assez difficile de s'y arrêter et d'en faire usage ; car on ne propose pas à un habile homme d'essayer ses montres : ce serait l'outrager sans nécessité ; puisque lorsqu'on lui a demandé une bonne montre, et qu'on la lui paye comme telle, il doit la faire bien aller ou la reprendre (si elle va assez mal pour cela) ; et pour les montres ordinaires, il arrive souvent qu'elles vont bien pendant quelque tems, et ensuite très-mal : ainsi l'essai en de semblables ouvrages est inutile.

Pour juger du mérite d'une montre, il faut en examiner toutes les parties démontées et les voir séparément ; par là on juge si une montre est bonne, si elle peut marcher constamment avec la même justesse : or, pour cela, il faut un habile homme, et il n'y a vraiment que celui-là qui puisse estimer une montre et la faire marcher constamment juste.

S'il est nécessaire, comme on ne peut en disconvenir, de s'adresser à un habile artiste pour avoir de bonnes montres, il est assez naturel de s'adresser à des horlogers ordinaires pour en avoir de médiocres ; car si peu qu'on leur suppose de talent, ils seront toujours plus en état de choisir et vendre une montre, que des marchands de toute espèce qui se mêlent de l'horlogerie ; et qui, non contens de vous livrer de l'ouvrage médiocre, le font payer plus cher que ne le ferait un horloger, puisque la plupart des ouvrages d'horlogerie que vendent ces marchands, sont fournis par des horlogers (sur qui ils gagnent) et ces *ouvriers* n'étant pas responsables des ouvrages qu'ils vendent à vil prix aux marchands, s'inquiètent fort peu de leur perfection ; d'ailleurs ces marchands savent fort bien employer des mauvais mouvemens de Genève dans des boîtes de Paris, faire marquer les noms des bons maîtres dessus ces montres, et les vendre comme si elles étaient bonnes. Si donc on veut avoir de bonne horlogerie, qu'on s'adresse à un habile homme ; et pour de l'horlogerie médiocre, à des horlogers inférieurs. Voilà les grandes règles à suivre. On me dira peut-être que les horlogers trompent et vendent souvent de mauvais ouvrages pour bons, et qu'il faudrait donner des moyens propres à prévenir cet abus de confiance. J'avoue qu'en effet il y a des horlogers d'assez mauvaise foi pour tromper; mais je ne connais de moyens sûrs de l'éviter que de s'adresser à des horlogers connus, et de s'en rapporter à leurs lumières et à leur probité, en faisant attention surtout que la bonté des ouvrages est toujours en proportion du prix que l'on veut y mettre; et que, trompé pour trompé, on l'est moins en s'adressant à des horlogers pour l'achat des ouvrages d'horlogerie, qu'en s'en rapportant à ceux qui n'y connaissent rien, comme sont les marchands de montres. Car au moins les premiers ont des connaissances dans l'art, quelque bornées qu'elles soient, et ils peuvent plutôt choisir que les marchands qui ont la même dose de tromperie, et l'ignorance en sus.

Enfin, si on veut acquérir assez de lumières pour juger soi-même des montres, il faut devenir artiste, ou tout au moins avoir quelque teinture d'horlogerie : pour cet effet, il faut lire les livres qui en parlent; pour lors, appliquant ces notions à l'examen des montres et pendules, on pourra commencer à en juger.

ARTICLE XIV.

Des moyens de conserver les Montres.

LORSQU'ON a fait l'acquisition d'une bonne montre, cela ne suffit pas ; il faut encore savoir la conduire, la régler, songer à la faire nétoyer de tems en tems, et à rétablir ce que le mouvement, les frottemens et le tems détruisent dans la machine : pour cet effet, il est bien essentiel de s'adresser à des horlogers intelligens, et qui joignent à cela de la bonne volonté. Il est même à propos de s'adresser, autant qu'il est possible, à celui qui a fait la montre ; car il est engagé par honneur à la bien faire aller ; au lieu que son confrère s'en inquiète très-peu, et que souvent même il la détruit par ignorance, et quelquefois par mauvaise foi.

Si ce sont là des vérités désagréables pour les ouvriers qui sont en faute, il est essentiel aussi que le public les connaisse ; car la plupart des montres périssent entre les mains de ces ouvriers, et le tems, les frottemens, etc. font moins de ravage que la manière dont ils accommodent les montres. Le seul moyen que je connaisse pour prévenir ces difficultés, c'est, comme je l'ai dit, de remettre sa montre à raccommoder à celui qui l'a faite, ou à un horloger connu pour son talent et pour sa probité : dans ce cas, la montre qu'on lui donne à mettre en état ne pourra que devenir meilleure ; car il est à observer que plus un homme a de talens, et moins il est capable de mépriser l'ouvrage de son confrère ; bien loin de là, l'amour qu'il a pour la perfection l'engage à en procurer un degré à tous les ouvrages qui lui passent par les mains.

Une économie mal entendue guide souvent le public : on veut éviter de dépenser de l'argent pour l'entretien de sa montre, et c'est toujours aux dépens de la machine. Telle personne qui donne sa montre à raccommoder, dit à l'horloger, *qu'il n'y a qu'à la nétoyer* : l'horloger voit les imperfections de la montre, soit celles causées par la construction ou autres ; mais il ne peut y remédier, puisqu'il n'en serait pas payé ; il arrive souvent que cette montre, simplement nétoyée, va beaucoup plus mal qu'elle ne faisait auparavant : car une montre très-mal faite, mal composée, enfin ce qu'on appelle une *mauvaise montre*, peut aller très-bien, et devoir la cause de sa justesse aux vices mêmes de la machine. Or si on nétoie une telle montre, et qu'on ôte quelques-uns de ces vices, elle ne manquera pas d'aller fort mal ; et celui à qui elle appartient ne manquera pas de dire : *l'horloger a estropié ma montre* (*) ; et cependant il n'en est rien, par bien des raisons, qu'il serait trop long de dire ici, dont voici la principale : c'est que la liberté que l'on donne à une montre en la nétoyant, ôte cet état d'équilibre qui régnait auparavant entre le régulateur et le moteur ; et que le balancier suit alors, plus qu'il ne faisait, les impressions du moteur, l'inégalité des engrenages, etc.

Une personne qui ayant une bonne montre desire de la conserver telle, doit donc ne la remettre qu'en des mains sûres pour la réparer ; il doit de même la faire nétoyer au moins tous les trois ans.

Il se trouve des personnes dont le gousset est si chaud, qu'en très-peu de tems les huiles de la montre se dessèchent ; ce qui fait varier et ensuite arrêter la montre, et détruire les pivots, ainsi que le cylindre (si c'est un échappement à repos) que la roue tend à creuser. Ceux qui sont dans ce cas, doivent donc faire nétoyer

(*) Il y a même des gens assez peu instruits pour croire qu'on peut changer des pièces de leurs montres, et qui disent, lorsque leurs montres vont mal en sortant des mains de l'ouvrier qui les a nétoyées, *il a changé les ressorts de ma montre.*

leur montre plus souvent, ou bien garantir leur montre de ce trop de chaleur, en faisant pour cela garnir leurs goussets.

Comme l'humidité fait rouiller l'acier, on doit tenir les montres, le plus qu'il est possible, dans un lieu sec.

La poussière et les ordures qu'on laisse introduire dans une montre, en dessèchent les huiles, et fournissent des matières qui venant à se broyer avec l'huile, par le mouvement des roues, ne tendent qu'à ronger les parties auxquelles elles s'attachent : ce qui détruit insensiblement la machine.

ARTICLE XV,

Contenant le précis des règles qu'il faut suivre pour conduire et régler les Montres et les Pendules : les observations qu'il est à propos de faire pour jouir avantageusement de ces machines utiles.

1°. Le soleil n'emploie pas tous les jours le même tems à revenir au méridien; son mouvement est donc variable. *Voyez* page 2 et suiv.

2°. Les pendules et les montres ne peuvent

suivre naturellement les variations du soleil, *page* 21.

3°. Lorsque l'on veut connaître si une montre va juste, et qu'on la compare avec le méridien ou un cadran solaire, il faut soustraire les écarts faits par le soleil, et faire usage pour celà des tables d'équation. (Article XI.)

4°. Les montres sont sujettes à des variations qui n'ont aucunes règles constantes, étant produites par le chaud, le froid, par les divers mouvemens auxquels elles sont exposées, etc; de sorte que lorsqu'une montre ne fait qu'une minute d'écart par jour, tantôt en avançant et tantôt en retardant, on ne doit pas s'en plaindre. (Art. V.)

5°. Les pendules ne sont pas sujettes aux mêmes variations des montres; on peut donc s'en servir pour régler les montres. (*Pages* 22 *et* 25.)

6°. Il faut remettre sa montre à l'heure tous les huit ou dix jours avec une bonne pendule ou avec un méridien. Si elle ne fait que huit minutes d'écart en huit jours, il faut simplement remettre les aiguilles sur l'heure; mais si elle s'est écartée de plus de huit minutes, soit en avance ou en retard, il faut, non-seulement remettre les aiguilles, mais toucher en conséquence à l'aiguille de rosette.

7°. Lorsque la montre avance, il faut, pour

la régler, tourner l'aiguille de rosette en arrière, c'est-à-dire dans le même sens que vous tournez celle des minutes pour retarder la montre en l'amenant de une heure à midi ; et au contraire, si la montre retarde, il faut tourner l'aiguille de rosette en avant, c'est-à-dire dans le même sens que vous tourneriez l'aiguille des minutes pour la conduire de midi à une heure. (*Page* 32.)

8°. Il ne faut tourner l'aiguille de rosette à chaque fois, que d'une demi-division du petit cadran, à moins que la montre ne fasse un grand écart en vingt-quatre heures, comme de quatre à cinq minutes; alors on peut tourner l'aiguille d'une ou deux divisions, plus ou moins, selon l'écart. (*Voyez* page 33.).

9°. Pour remettre une montre à l'heure, il faut se servir de la clef, et faire tourner l'aiguille des minutes par son quarré, jusqu'à ce que la montre marque l'heure et la minute qu'il est; ayant attention de ne point faire tourner l'aiguille des heures séparément de celle des minutes.

10°. Lorsqu'une montre à répétition marque une heure, et qu'elle en répète une autre, on peut tourner l'aiguille des heures séparément de celle des minutes, et la mettre sur l'heure et le quart que la pièce a répétée ; il faut pour cela que l'aiguille des heures tourne facilement ; alors on peut supposer l'avoir dérangée sans s'en être apperçu. Après l'avoir ainsi tournée, il faut appuyer avec la pointe d'un canif sur le centre de l'aiguille en pressant contre le cadran, afin d'arrêter l'aiguille avec son canon, et l'empêcher de se déranger de nouveau; on remettra ensuite, selon l'article précédent, les aiguilles à l'heure qu'il est.

Mais si l'aiguille des heures tourne difficilement, il faut porter la montre à l'horloger; car, outre qu'on pourrait casser l'aiguille, on doit supposer dans ce cas, que le dérangement des aiguilles, avec la répétition, est causé par les pièces qui sont sous le cadran.

11°. Lorsque les aiguilles d'une montre, soit à répétition ou sans répétition, sont en avance ou en retard d'une heure ou deux, plus ou moins, il faut les tourner du côté où elles auront le moins de chemin à faire, soit qu'il faille les tourner en *arrière* ou en *avant;* il n'y a pas plus de risque d'un côté que de l'autre. Il suit de là, que si on a oublié de remonter sa montre, et qu'elle se trouve en avance d'une demi-heure, deux heures, etc., il faut faire rétrograder les aiguilles de cette quantité, plutôt que de les tourner en avant de onze heures et demie, plus ou moins; ce qui arrive à beaucoup de personnes, crainte de *gâter leurs montres*. Ils font cependant ce qu'ils veulent éviter; car en faisant beaucoup tourner les aiguilles, cela rend les canons qui les portent trop libres sur leurs axes, et alors la moindre chose les dérange ; il arrive même, qu'à de telles montres, la montre marche, tandis que les aiguilles restent immobiles.

12°. Si on a une montre à sonnerie ou à réveil, ou d'une construction particulière, a laquelle le mouvement rétrograde de l'aiguille puisse être à craindre, il est aisé de s'en assurer ; il ne faut pour cela que reculer l'aiguille des minutes, et si on sent tout-à-coup une forte résistance, il vaut mieux les tourner en avant.

13°. *Il faut remonter sa montre tous les jours à la même heure ;* une montre étant susceptible d'avance ou de retard, selon que la force de son grand ressort est plus ou moins grande (*voyez* pag. 17 et 19) : on a adapté la *fusée* aux montres, afin de corriger les inégalités du ressort. Mais il est rare que les fusées soient assez bien faites pour rendre uniforme l'action du ressort sur le rouage ; car il arrive à plusieurs montres qu'elles avancent ou retardent pendant les douze premières heures, après qu'on les a remontées, et qu'elles retardent ou avancent pendant les douze heures suivantes : or en remontant sa montre au bout de vingt-quatre heures, on la règle en conséquence ; ainsi l'avance des douze premières heures est compensée par le retard des douze dernières ;

au lieu que si on la laisse marcher plus de vingt-quatre heures, elle continuera à retarder ou à avancer; mais ce retard n'étant pas compensé, cela produira dans la montre une variation qui sera d'autant plus grande qu'on la remontera alternativement, tantôt au bout de vingt-quatre heures, de vingt-trois, et ensuite de vingt-huit, de trente heures, etc.

14°. *Il faut tenir une montre le plus approchant possible de la même position.* Lorsqu'on porte une montre, elle est à peu près comme si elle était suspendue par son cordon. Ainsi, dès qu'on ne la porte plus, il faut la suspendre à un clou; avoir attention que la boîte pose contre la cheminée, pour que la vibration du balancier ne communique point son mouvement à la montre.

15°. *On doit tenir, le plus qu'il est possible, sa montre à la même température.* Ainsi, en hiver, lorsque le soir on pose sa montre, il faut l'accrocher à un lieu chaud, à la cheminée par exemple. (Article VIII.)

16°. On doit placer sa montre dans le gousset, de manière que le cristal soit en dehors, afin que s'il recevait un coup, et qu'il vînt à casser, il ne pût blesser.

17°. On ne doit pas tourner les aiguilles d'une montre à répétition pendant que la pièce sonne.

18°. Quand une montre à répétition sonne trop vîte ou trop lentement, il est facile de l'en corriger : c'est à cet usage qu'est destinée l'aiguille *EL* (*planche III*, *fig.* 1). En ouvrant sa montre, on reconnaîtra aisément cette aiguille située auprès du coq. Lorsque la répétition sonne trop lentement, il faut tourner l'aiguille par son quarré *E*, du côté de la lettre initiale *V*, qui veut dire *vîte*; et quand la sonnerie va trop vîte, il faut tourner l'aiguille du côté de la lettre initiale *L*, qui veut dire *lentement.*

19°. Un homme qui voyage ne peut pas juger si sa montre est réglée, à moins qu'il ne fasse attention à la différence du midi du lieu où il était d'abord, au midi du lieu où il est actuellement, c'est-à-dire à la longitude des lieux. Ainsi une personne qui partirait de Paris, ayant mis sa montre au méridien, et qui irait à Pétersbourg, trouverait sa montre en retard de deux heures sur le méridien de Pétersbourg, pourrait croire que sa montre a varié, tandis que ce ne sont en effet que les méridiens qui diffèrent, puisqu'il est une heure cinquante-deux secondes après midi à Pétersbourg, lorsqu'il n'est que midi à Paris.

20°. Il faut faire nétoyer sa montre tous les trois ans. Il est plus essentiel qu'on ne pense de ne la confier qu'à un horloger habile, sans quoi elle ne peut que dépérir.

21°. On ne doit pas faire tourner les aiguilles à secondes des montres. Lors donc qu'on veut mettre de telles montres à la minute et à la seconde, il faut arrêter le balancier au moyen de la détente, au moment que l'aiguille de secondes est sur la soixantième ; alors on met les autres aiguilles à l'heure et minute ; et au moment que le soleil passe au méridien, ou bien qu'il est midi, ou l'heure juste à la pendule, on retire la détente, et la montre part ; de cette sorte on a l'heure très-exactement. (*Page* 40.)

Remarques sur la manière de conduire les Pendules.

1°. POUR faire avancer une pendule, il faut remonter la lentille au moyen de l'écrou qui est dessous ; et pour la faire retarder, il faut descendre la lentille (*voyez* pag. 55). Si c'est une pendule qui soit dans un cartel, et qu'on ne puisse toucher à la lentille, on trouvera dans le cadran un petit quarré d'acier, qu'on fera tourner au moyen d'une clef de montre, de gauche à droite pour avancer, et de droite à gauche pour retarder. Pour trouver la quantité dont il faut tourner l'écrou ou le quarré qui passe dans le cadran, on se servira de la méthode indiquée *page* 36.

2°. On ne doit pas faire rétrograder les aiguilles des pendules à sonnerie plus d'une demi-heure, encore faut-il le faire avec précaution, surtout lorsqu'on sent une forte résistance causée par les *détentes*. On ne doit pas non plus reculer l'aiguille des minutes, lorsqu'elle est située près de 28 minutes ou 55 minutes ; c'est-à-dire lorsque la sonnerie est près de frapper ; car si dans ce moment on tourne l'aiguille en *arrière*, la sonnerie *frappera;* et lorsque l'aiguille reviendra de nouveau au même point, et passera à la demie et à l'heure, la sonnerie frappera encore ; ensorte que la sonnerie et les aiguilles ne seront plus d'accord ; ainsi la pendule sonnera l'heure à la *demie*. Lorsque cela arrive, il faut tourner l'aiguille des minutes, jusqu'à ce qu'elle soit à deux minutes environ de l'heure ou de la demie, c'est-à-dire à la 28ᵉ ou 58ᵉ minute du cadran ; alors on fera rétrograder l'aiguille jusqu'à ce que la sonnerie frappe ; on ramènera ensuite l'aiguille en avant, et la sonnerie frappera de nouveau ; ainsi l'heure sonnera à l'heure, et la demie à la demie ; il ne faudra plus que tourner les aiguilles pour les mettre à l'heure et à la minute.

3°. Lorsque la sonnerie d'une pendule n'est plus d'accord avec les aiguilles, c'est-à-dire quand elle frappe midi, et qu'il est une heure aux aiguilles, il faut tourner l'aiguille des heures séparément de celle des minutes, et l'amener à l'heure de la sonnerie. On fera ensuite tourner l'aiguille des minutes jusqu'à ce que la pendule soit à l'heure.

Pour

Pour poser une pendule, il faut avoir attention de l'attacher bien solidement et la placer bien droite, ensorte qu'en mettant la lentille en mouvement, les battemens que fait l'échappement soient parfaitement égaux. Pour cet effet, on calera avec des cartes ou avec du bois un des côtés des pieds de la boîte, jusqu'à ce qu'on entende que l'échappement fait des battemens égaux. Si la boîte est un *cartel*, il sera facile de mettre la pendule dans son échappement; il ne faut que conduire le bas du cartel de côté ou d'autre, jusqu'à ce qu'on entende l'échappement battre également; alors on arrêtera le bas de la boîte avec un clou, pour que la pendule ne puisse pas se déranger. Il faut avoir attention à ce que la lentille ne touche pas à la boîte, soit sur le fond, sur le devant ou sur les côtés, comme cela arrive quelquefois aux cartels qui sont étroits par le bas; dans ce cas il faut ou écarter ou approcher du mur le bas du cartel, et le caler du haut ou du bas, selon que la lentille touche sur le fond ou sur le devant.

FIN.

TABLE D'ÉQUATION.

Jours du mois.	JANVIER.				L'équation change en 24 heures.
			Minutes.	Secondes.	Secondes.
1	Le Soleil retarde.	R.	3	59	29
2		R.	4	28	28
3		R.	4	56	27
4		R.	5	23	27
5		R.	5	50	27
6		R.	6	17	26
7		R.	6	43	26
8		R.	7	9	25
9		R.	7	34	25
10		R.	7	59	24
11		R.	8	23	23
12		R.	8	46	23
13		R.	9	9	22
14		R.	9	31	22
15		R.	9	53	21
16		R.	10	14	20
17		R	10	34	19
18		R.	10	53	19
19		R.	11	12	18
20		R.	11	30	17
21		R.	11	47	17
22		R.	12	4	16
23		R.	12	20	15
24		R.	12	35	14
25		R.	12	49	13
26		R.	13	2	13
27		R.	13	15	11
28		R.	13	26	11
29		R.	13	37	10
30		R.	13	47	9
31		R.	13	56	9

TABLE D'ÉQUATION.

Jours du mois.	FÉVRIER.		Minutes.	Secondes.	L'équation change en 24 heures. Secondes.
1		R.	14	5	7
2		R.	14	12	7
3		R.	14	19	6
4		R.	14	25	5
5		R.	14	30	4
6		R.	14	34	4
7		R.	14	38	2
8		R.	14	40	2
9		R.	14	42	1
10		R.	14	43	1
11		R.	14	44	1
12	Le Soleil retarde.	R.	14	43	1
13		R.	14	42	2
14		R.	14	40	3
15		R.	14	37	4
16		R.	14	33	4
17		R.	14	29	5
18		R.	14	24	5
19		R.	14	19	6
20		R.	14	13	7
21		R.	14	6	8
22		R.	13	58	8
23		R.	13	50	9
24		R.	13	41	9
25		R.	13	32	10
26		R.	13	22	11
27		R.	13	11	11
28		R.	13	0	11
29		R.	12	48	12

TABLE D'ÉQUATION.

Jours du mois.	MARS.				L'équation change en 24 heures.
			Minutes.	Secondes.	Secondes.
1	Le Soleil retarde.	R.	12	36	13
2		R.	12	23	13
3		R.	12	10	14
4		R.	11	56	14
5		R.	11	42	14
6		R.	11	28	15
7		R.	11	13	15
8		R.	10	58	16
9		R.	10	42	16
10		R.	10	26	16
11		R.	10	10	17
12		R.	9	53	17
13		R.	9	36	17
14		R.	9	19	17
15		R.	9	2	18
16		R.	8	44	18
17		R.	8	26	18
18		R.	8	8	18
19		R.	7	50	18
20		R.	7	32	18
21		R.	7	14	19
22		R.	6	55	19
23		R.	6	36	19
24		R.	6	17	19
25		R.	5	58	18
26		R.	5	40	19
27		R.	5	21	19
28		R.	5	2	18
29		R.	4	44	19
30		R.	4	25	19
31		R.	4	6	18

TABLE D'ÉQUATION.

Jours du mois.	AVRIL.		Minutes.	Secondes.	L'équation change en 24 heures. Secondes.
1	Le Soleil retarde.	R.	3	48	18
2		R.	3	30	19
3		R.	3	11	18
4		R.	2	53	18
5		R.	2	35	18
6		R.	2	17	17
7		R.	2	0	17
8		R.	1	43	17
9		R.	1	26	17
10		R.	1	9	16
11		R.	0	53	16
12		R.	0	37	16
13		R.	0	21	16
14		R.	0	6	15
15		Avance.	0	9	15
16		A.	0	24	15
17		A.	0	39	14
18		A.	0	53	13
19		A.	1	6	13
20		A.	1	19	13
21		A.	1	32	12
22		A.	1	44	12
23		A.	1	56	12
24		A.	2	8	11
25		A.	2	19	10
26		A.	2	29	10
27		A.	2	39	9
28		A.	2	48	9
29		A.	2	57	8
30		A.	3	5	8

TABLE D'ÉQUATION.

Jours du mois.	MAI.			L'équation change en 24 heures.
		Minutes.	Secondes.	Secondes.
1	A.	3	13	7
2	A.	3	20	7
3	A.	3	27	6
4	A.	3	33	6
5	A.	3	39	5
6	A.	3	44	4
7	A.	3	48	4
8	A.	3	52	4
9	A.	3	56	3
10	A.	3	59	2
11	A.	4	1	1
12	A.	4	2	1
13	A.	4	3	1
14	A.	4	4	0
15	A.	4	4	1
16	A.	4	3	1
17	A.	4	2	2
18	A.	4	0	2
19	A.	3	58	3
20	A.	3	55	4
21	A.	3	51	4
22	A.	3	47	4
23	A.	3	43	5
24	A.	3	38	6
25	A.	3	32	6
26	A.	3	26	7
27	A.	3	19	7
28	A.	3	12	7
29	A.	3	5	8
30	A.	2	57	8
	A.	2	49	9

Le Soleil avance.

TABLE D'ÉQUATION.

Jours du mois.	JUIN.				L'équation change en 24 heures.
			Minutes.	Secondes.	Secondes.
1	Le Soleil avance.	A.	2	40	9
2		A.	2	31	10
3		A.	2	21	10
4		A.	2	11	10
5		A.	2	1	10
6		A.	1	51	11
7		A.	1	40	11
8		A.	1	29	11
9		A.	1	18	12
10		A.	1	6	12
11		A.	0	54	12
12		A.	0	42	12
13		A.	0	30	12
14		A.	0	18	13
15		A.	0	5	13
16		Retarde	0	8	13
17		R.	0	21	13
18		R.	0	34	13
19		R.	0	47	13
20		R.	1	0	13
21		R.	1	13	13
22		R.	1	26	13
23		R.	1	39	13
24		R.	1	52	12
25		R.	2	5	12
26		R.	2	17	12
27		R.	2	29	12
28		R.	2	41	12
29		R.	2	53	12
30		R.	3	5	11

TABLE D'ÉQUATION.

Jours du mois.	JUILLET.				L'équation change en 24 heures.
			Minutes.	Secondes.	Secondes.
1	Le Soleil retarde.	R.	3	16	11
2		R.	3	27	11
3		R.	3	38	11
4		R.	3	49	11
5		R.	4	0	10
6		R.	4	10	9
7		R.	4	19	9
8		R.	4	28	9
9		R.	4	37	9
10		R.	4	46	8
11		R.	4	54	8
12		R.	5	2	7
13		R.	5	9	7
14		R.	5	16	6
15		R.	5	22	6
16		R.	5	28	5
17		R.	5	33	5
18		R.	5	38	4
19		R.	5	42	4
20		R.	5	46	3
21		R.	5	49	2
22		R.	5	51	2
23		R.	5	53	2
24		R.	5	55	1
25		R.	5	56	0
26		R.	5	56	1
27		R.	5	55	1
28		R.	5	54	1
29		R.	5	53	2
30		R.	5	51	3
31		R.	5	48	4

TABLE D'ÉQUATION.

Jours du mois.	AOUT.				L'équation change en 24 heures.
			Minutes.	Secondes.	Secondes.
1	Le Soleil retarde.	R.	5	44	4
2		R.	5	40	4
3		R.	5	36	5
4		R.	5	31	6
5		R.	5	25	6
6		R.	5	19	7
7		R.	5	12	7
8		R.	5	5	8
9		R.	4	57	9
10		R.	4	48	9
11		R.	4	39	10
12		R.	4	29	10
13		R.	4	19	11
14		R.	4	8	12
15		R.	3	56	12
16		R.	3	44	12
17		R.	3	32	13
18		R.	3	19	13
19		R.	3	6	14
20		R.	2	52	14
21		R.	2	38	15
22		R.	2	23	15
23		R.	2	8	16
24		R.	1	52	16
25		R.	1	36	17
26		R.	1	19	17
27		R.	1	2	17
28		R.	0	45	17
29		R.	0	28	18
30		R.	0	10	18
31		R.	0	8	19

TABLE D'ÉQUATION.

Jours du mois.	SEPTEMBRE.		Minutes.	Secondes.	L'équation change en 24 heures. Secondes.
1		A.	0	27	19
2		A.	0	46	19
3		A.	1	5	19
4		A.	1	24	19
5		A.	1	43	20
6		A.	2	3	20
7		A.	2	23	20
8		A.	2	43	20
9		A.	3	3	20
10		A.	3	23	21
11		A.	3	44	21
12	Le Soleil avance.	A.	4	5	21
13		A.	4	26	21
14		A.	4	47	21
15		A.	5	8	21
16		A.	5	29	20
17		A.	5	49	21
18		A.	6	10	21
19		A.	6	31	21
20		A.	6	52	21
21		A.	7	13	21
22		A.	7	34	20
23		A.	7	54	20
24		A.	8	14	20
25		A.	8	34	20
26		A.	8	54	20
27		A.	9	14	20
28		A.	9	34	19
29		A.	9	53	19
30		A.	10	12	19

TABLE D'ÉQUATION.

Jours du mois.	OCTOBRE.				L'équation change en 24 heures.
			Minutes.	Secondes.	Secondes.
1	Le Soleil avance.	A.	10	31	18
2		A.	10	49	18
3		A.	11	7	18
4		A.	11	25	18
5		A.	11	43	17
6		A.	12	0	17
7		A.	12	17	16
8		A.	12	33	15
9		A.	12	48	15
10		A.	13	3	15
11		A.	13	18	15
12		A.	13	33	14
13		A.	13	47	13
14		A.	14	0	13
15		A.	14	13	12
16		A.	14	25	11
17		A.	14	36	11
18		A.	14	47	10
19		A.	14	57	10
20		A.	15	7	9
21		A.	15	16	9
22		A.	15	25	8
23		A.	15	33	7
24		A.	15	40	6
25		A.	15	46	5
26		A.	15	51	5
27		A.	15	56	5
28		A.	16	1	4
29		A.	16	5	2
30		A.	16	7	2
31		A.	16	9	0

TABLE D'ÉQUATION.

Jours du mois.	NOVEMBRE.		Minutes.	Secondes.	L'équation change en 24 heures. Secondes.
1		A.	16	9	0
2		A.	16	9	1
3		A.	16	8	1
4		A.	16	7	2
5		A.	16	5	3
6		A.	16	2	4
7		A.	15	58	5
8		A.	15	53	6
9		A.	15	47	7
10		A.	15	40	7
11		A.	15	33	8
12		A.	15	25	9
13		A.	15	16	10
14		A.	15	6	10
15	Le Soleil avance.	A.	14	56	12
16		A.	14	44	12
17		A.	14	32	13
18		A.	14	19	14
19		A.	14	5	15
20		A.	13	50	16
21		A.	13	43	17
22		A.	13	17	17
23		A.	13	0	18
24		A.	12	42	19
25		A.	12	23	19
26		A.	12	4	20
27		A.	11	44	21
28		A.	11	23	21
29		A.	11	2	22
30		A.	10	40	23

TABLE D'ÉQUATION.

Jours du mois.	DÉCEMBRE.				L'équation change en 24 heures.
			Minutes.	Secondes.	Secondes.
1	Le Soleil avance.	A.	10	17	24
2		A.	9	53	24
3		A.	9	29	25
4		A.	9	4	25
5		A.	8	39	26
6		A.	8	13	26
7		A.	7	47	27
8		A.	7	20	27
9		A.	6	53	28
10		A.	6	25	28
11		A.	5	57	28
12		A.	5	29	29
13		A.	5	0	29
14		A.	4	31	29
15		A.	4	2	29
16		A.	3	33	29
17		A.	3	4	30
18		A.	2	34	30
19		A.	2	4	30
20		A.	1	34	30
21		A.	1	4	30
22		A.	0	34	30
23		A.	0	4	30
24		Retarde.	0	26	30
25		R.	0	56	30
26		R.	1	26	30
27		R.	1	56	29
28		R.	2	25	29
29		R.	2	54	29
30		R.	3	23	29
31		R.	3	52	29

TABLE

Qui marque les hauteurs que doivent avoir les styles, *pour des longueurs données de Lignes méridiennes.*

LONGUEUR de la LIGNE MÉRIDIENNE.		HAUTEUR du STYLE.		
Pieds.	Pouces.	Pieds.	Pouces.	Lignes.
0	6	0	1	10
0	10	0	3	2
1	0	0	3	9
1	3	0	4	9
1	6	0	5	8
2	0	0	7	7
2	3	0	8	6
2	6	0	9	6
3	0	0	11	5
3	6	1	1	3
4	0	1	3	3
5	0	1	7	1
6	0	1	10	11
7	0	2	2	9
8	0	2	6	7
9	0	2	10	5
10	0	3	2	3
12	0	3	9	10
14	0	4	5	7
15	0	4	9	5
17	0	5	5	1
20	0	6	4	7
24	0	7	7	9
30	0	9	6	10

INDICATION

DES REGLES, OBSERVATIONS ET CALCULS,

A METTRE EN USAGE POUR FAIRE SERVIR LES MONTRES D'OBSERVATIONS A TEMS ÉGAL ; 1° A L'USAGE ORDINAIRE DU PUBLIC ; 2° A LA DÉTERMINATION DES LONGITUDES TERRESTRES ET MARINES :

SERVANT

D'ADDITIONS A *L'ART DE CONDUIRE ET RÉGLER LES PENDULES ET LES MONTRES.*

PAR LE MÊME AUTEUR.

AVERTISSEMENT

SUR CES ADDITIONS.

L'ART DE RÉGLER LES PENDULES ET LES MONTRES, publié en 1759, contient la manière de conduire et de régler les montres ordinaires, faites à l'usage du public. Depuis cette époque, l'Horlogerie s'est enrichie d'une nouvelle sorte de montres à l'usage des navigateurs; et ces montres ne peuvent être conduites de la même manière que celles du Public. L'Auteur a cru devoir indiquer quelques règles pour ces dernières sortes de montres, aujourd'hui en usage parmi les amateurs: il les joint ici en forme d'additions à l'*Art de régler les Pendules et les Montres*.

INDICATION
DES RÈGLES, OBSERVATIONS ET CALCULS,

A METTRE EN USAGE POUR FAIRE SERVIR LES MONTRES ASTRONOMIQUES (*), OU D'OBSERVATIONS A TEMS ÉGAL (**); 1° A L'USAGE ORDINAIRE DU PUBLIC; 2° A LA DÉTERMINATION DES LONGITUDES TERRESTRES ET MARINES.

ARTICLE PREMIER,

Relatif à l'usage ordinaire des Montres à Tems égal.

RÈGLE PREMIÈRE.

Nous établirons ici pour règle fondamentale, qu'une telle montre ne doit et ne peut mesurer qu'un tems égal, uniforme, appelé le *tems moyen;* car il serait aussi absurde que ridicule de vouloir faire suivre les

(*) J'ai traité avec beaucoup d'étendue et de détails des principes de construction, d'épreuve, etc. des montres astronomiques de poche, dans l'ouvrage qui a pour titre: *De la Mesure du Tems*, ou Supplément, seconde partie, qui comprend depuis le n° 590 jusqu'à celui 705. Ce travail ne fut publié qu'en 1787, quoiqu'il eût été composé immédiatement après le *Traité des Horloges à Longitudes*, c'est-à-dire vers 1774.

(**) J'appelle Montre à *Tems égal*, celle dont la marche est constamment uniforme, malgré les variations de la température, des frottemens, etc. Telles sont les bonnes montres à longitudes.

variations du soleil à une machine qui par sa nature (*) et ses usages, soit dans la navigation, soit dans l'astronomie, ne doit mesurer qu'un tems égal et uniforme.

RÈGLE II.

La position naturelle de la montre *astronomique*, portative à tems égal, est la verticale position que l'observateur doit lui conserver constamment, soit qu'il la porte sur soi, qu'il la fasse marcher chez lui en repos, qu'il la fasse servir en mer, placée dans un vaisseau, ou qu'il la transporte à terre dans une voiture. Si l'observateur porte la montre sur lui, il se servira d'un cordon passé autour du col, en *sautoir*; ce cordon portera un porte-mousqueton auquel il suspendra la montre à la hauteur convenable pour qu'elle se trouve logée dans le creux de l'estomac : si l'observateur veut employer la montre à trouver les longitudes terrestres, il pourra porter la montre sur lui, de la manière que nous venons de le dire, ou pour le mieux, il la placera dans une boîte verticale attachée à la chaise de poste ; ou enfin, si l'observateur veut faire servir sa montre à la mer, elle devra être placée sur une suspension renfermée dans une caisse avec un thermomètre.

(*) Voy. *L'Art de régler les Pendules et les Montres*, etc. Art. IV, p. 21, publié. Paris, 1759, 3e édit. 1805.

RÈGLE III.

L'observateur ne peut pas toucher à la Montre pour la régler lui-même.

Dans les montres ordinaires à l'usage du public, tout possesseur d'une montre peut la conduire et régler à son gré ; mais il n'en est pas de même pour les montres d'observations, parce que peu de personnes sont en état de faire ces opérations délicates, qui d'ailleurs exposent la montre à divers accidens, à la poussière, etc. Il vaut donc mieux que cette partie de la montre soit fermée, et recourir au besoin à l'artiste qui l'a faite. Nous observerons de plus, que, si la montre est bien faite, on a rarement besoin d'y toucher ; il suffit de tenir compte de sa marche.

RÈGLE IV.

Il est de nécessité absolue que la marche d'une montre à tems égal soit uniforme, mais on ne peut exiger qu'elle soit rigoureusement réglée, c'est-à-dire qu'elle suive exactement le moyen mouvement du soleil : c'est une condition difficile à remplir, et il est inutile de l'exiger. Il suffit, dans les différens usages de ces machines, de connaître la quantité dont une montre avance, ou dont elle retarde en 24 heures, afin de tenir compte de son avance ou de son retard journalier, toutes les fois que l'observateur voudra faire usage du tems absolu de la montre pour ses observations.

On ne doit pas confondre une montre qui n'est pas réglée avec celle qui varie ; ces deux choses sont tout-à-fait différentes : la montre qui avance aujourd'hui et qui retarde ensuite, varie ; elle ne peut jamais être réglée, et on ne peut compter sur le tems qu'elle mesure; au lieu que la montre dont le mouvement est uniforme, peut être réglée, et elle peut même être réputée réglée, lorsqu'on connaît la quantité de son avance ou de son retard journalier, sur le moyen mouvement du soleil ; et il est toujours facile d'en tenir compte ; car, si je suppose qu'elle avance de 2 sec. par jour, en 30 jours elle devra avancer d'une minute, etc.

RÈGLE V.

On ne doit jamais toucher à l'aiguille des secondes de la montre, et seulement à celle des minutes et des heures, et le plus rarement possible, et surtout avec précaution.

RÈGLE VI.

La montre doit être remontée tous les jours à peu près à la même heure. On doit avoir attention à ne pas la monter à rebours, en tournant la clef du côté contraire, crainte de casser des pièces de la montre. On observera pour cet effet, que si la montre se remonte par la face du cadran, on doit faire tourner la clef de gauche à droite, c'est-à-dire dans le sens même où tournent les aiguilles; si au contraire le remontoir se fait en-dessous de la boite, on doit faire tourner la clef de droite à gauche.

RÈGLE VII.

Lorsque la montre éprouvera de trop grands froids au-dessous de la glace, il sera nécessaire de la placer dans un endroit que l'on puisse faire chauffer par le moyen d'une lampe, afin de conserver fluide l'huile qui est employée dans la montre : elle ne doit supporter que 5 degrés du thermomètre de Réaumur, au-dessus de la glace ; car au-dessous de 5 degrés, non-seulement les huiles cessent d'être fluides, mais dès-lors les frottemens deviennent très-nuisibles, et au point de faire arrêter la montre et de détruire les parties frottantes, tant le froid augmente *l'âpreté* des corps.

RÈGLE VIII.

Lorsqu'on envoie la montre par terre par la poste, etc., il faut arrêter le balancier au moyen de la détente destinée à cet usage, etc.

OBSERVATION PREMIÈRE.

La montre la plus parfaite éprouve à la longue quelques légères variations, à mesure que les huiles s'épaississent, effet qui exige que l'observateur vérifie souvent sa montre, et tienne compte de ces différences.

OBSERVATION II.

Les montres à tems égal ou à longitudes ont un mécanisme particulier qui sert à corriger les variations causées par les effets de la température ; ensorte que si l'artiste a fait choix d'une bonne combinaison pour ce mécanisme, s'il l'a bien exécuté et s'il l'a conduit au point convenable pour produire l'exacte compensation des effets du chaud et du froid, la montre n'éprouvera aucune variation par ces effets. Mais en supposant qu'en passant du chaud au froid, elle éprouve quelques différences dans sa marche, l'observateur peut encore la ramener à l'égalité, et tenir compte de ces différences par des épreuves qu'il aura faites, et au moyen desquelles il aura pu dresser une table ou *équation pour la température*.

Comment l'observateur doit vérifier la marche de la Montre, portative* A TEMS ÉGAL, *pour son usage particulier.

On a trois méthodes propres à juger de la marche d'une montre pour l'usage de l'observateur.

La première est celle de comparer le tems de la montre à celui d'une bonne pendule à secondes, réglée sur le tems moyen. Par une première comparaison on trouve la différence du tems de la montre à celui de la pendule. La seconde comparaison faite à la même heure, quelques jours après la première, donne la différence du tems de la montre au tems moyen. Si dans les deux comparaisons le tems de la montre diffère des mêmes quantités sur celui de la pendule, la montre est réglée sur le tems moyen, etc.

La seconde méthode consiste dans la comparaison du tems de la montre au passage du soleil au méridien; pour cet effet, si à l'instant du passage du soleil au méridien, on fait marquer à une montre l'heure indiquée par la table qui a pour titre : *Tems moyen au midi vrai*, insérée *dans la Connaissance des Tems*, ou *dans l'Annuaire*, et que nous avons placée à la fin de cet ouvrage, au jour proposé ; et que, quelques jours après cette première comparaison, on compare de nouveau l'heure marquée par la montre à l'instant du midi vrai ; si la montre est réglée sur le moyen mouvement du soleil, il faut qu'elle marque exactement la minute et la seconde indiquées par la table du tems moyen au midi vrai pour le jour de cette seconde observation : et si le tems de la montre diffère en plus ou en moins de celui de la table, ce sera une preuve qu'elle n'est pas réglée sur le tems moyen ; mais on connaîtra précisément la quantité de son avance ou retard journalier sur le moyen mouvement du soleil.

La troisième méthode à employer pour connaître la marche de la montre, est celle de faire usage de la *méridienne du tems moyen* (*). La méridienne du

---

(*) La méridienne du tems moyen est une ligne courbe, faite à peu près comme un 8 de chiffre fort alongé, serpentant autour de la méridienne du tems vrai : cette méridienne est telle, que si l'on a une pendule à secondes, réglée sur le moyen mouvement du soleil, et qu'on lui fasse marquer midi, lorsque la lumière du trou de la plaque passe par cette courbe à l'endroit convenable, marqué par les noms des mois qui doivent être autour, la pendule marquera toute l'année midi, lorsque le soleil sera dans cette courbe.

Depuis environ deux ans, le Sénat-Conservateur a fait tracer dans son palais une méridienne du tems moyen ; elle est placée au-dessus de la grande porte du palais, du côté du jardin.

tems moyen est fort utile pour régler les montres sans recourir aux tables d'équation ; car si on met, un jour quelconque, la montre au midi de la courbe du mois où l'on est, si cette montre est bien réglée, elle doit toujours suivre le midi du tems moyen, lorsque le point de lumière se rencontre sur la suite de la même courbe.

Remarque essentielle sur les procédés à suivre pour vérifier la marche de la Montre.

Nous avons établi pour conditions, règles 3 et 4, que l'observateur ne peut pas toucher lui-même à la montre pour la régler, ni aux aiguilles même ; et ces conditions sont essentielles à la conservation de la montre et à la justesse de sa marche. Lors donc que l'observateur voudra vérifier la marche de sa montre par l'une ou l'autre des méthodes que nous venons d'indiquer, il doit simplement noter sur un petit registre ou porte-feuille, la différence du tems marqué par sa montre, au moment qu'il l'observe, soit à la pendule ou au soleil. Si la montre est réglée sur le moyen mouvement du soleil, la différence qu'il a trouvée lors de la première observation, doit être la même à la seconde. Si cette différence n'est pas la même, il connaîtra (sans avoir touché à la montre) sûrement de combien la montre diffère du tems moyen, par les notes portées sur son registre.

ARTICLE II.

Indication des Observations, Calculs, etc. dont il est indispensable de faire usage, lorsque l'on veut faire servir la Montre à la détermination des longitudes, soit à terre ou à la mer.

Les méthodes que nous avons indiquées ci-devant pour établir la marche d'une Montre, sont suffisamment exactes pour l'usage particulier de l'observateur ; mais ces mêmes méthodes ne peuvent plus être employées, lorsque la Montre est destinée à la détermination des longitudes soit Terrestres ou Marines. Ici il faut connoître avec la plus rigoureuse précision, la marche journalière de la Montre, et pour cela il faut recourir aux méthodes astronomiques et aux instrumens destinés à ces sortes d'observations. Nous avons traité avec beaucoup de détail, des Observations et des Calculs que l'usage des Horloges exige pour servir à la détermination des longitudes, à la mer et à terre, dans l'ouvrage qui a pour titre, *Les Longitudes par la mesure du Tems* (1), etc. Paris, 1773, *in-4.*

(1) L'observateur qui desirera s'instruire de ce qui concerne l'usage des Horloges, doit surtout consulter l'ouvrage que M. de Fleurieu publia en 1773, et qui a pour titre, *Voyage*, etc. de l'Imprimerie Royale. L'Appendice qui termine ce grand et bel ouvrage, contient dans le plus grand détail les principes et les règles que l'observateur doit suivre dans l'usage des Horloges pour la navigation.

Avant de présenter les titres do cet Ouvrage que l'on peut consulter, nous allons donner quelques observations préliminaires, relatives à l'usage des Horloges à longitudes.

Observation préliminaire.

Pour transporter l'Horloge par terre, il faut arrêter le balancier au moyen de la *détente* destinée à cet usage, on doit de même suspendre l'effet de la suspension de l'Horloge en fixant le poids de cette suspension.

L'Horloge étant arrivée au port, on peut remonter le mouvement et le faire marcher en écartant la détente d'arrêt du balancier. Mais pour transporter l'Horloge dans le vaisseau, la suspension doit être conservée en arrêt, et on ne la rendra libre que dans le vaisseau.

Observations relatives à l'établissement de l'Horloge, etc.

1°. L'Horloge doit être placée dans une armoire fermée à clef, et dans laquelle elle sera *amarrée* solidement, mais de manière cependant à pouvoir au besoin la retirer pour être portée sur le pont du vaisseau, et servir aux observations propres à determiner l'heure du Soleil; ou, si l'observateur est muni d'une Montre ordinaire à secondes, il pourra s'en servir pour faire les observations qu'il rapportera ensuite au tems de l'Horloge.

2°. L'Horloge doit être placée dans le lieu du vaisseau dont la température soit la plus constante et ne puisse changer trop subitement, et dont les agitations soient moins sensibles.

3°. La position de l'Horloge dans le vaisseau doit être telle, que les plus grands arcs que puisse décrire la suspension, se fassent dans le sens du *Roulis*. Pour cet effet, les 15e et 45e minutes du cadran doivent être dans la même ligne que la *quille* du vaisseau.

4°. Pour déterminer la longitude par le moyen de l'heure donnée par l'Horloge, il est nécessaire de connoître avec précision, avant le départ du vaisseau, 1° la marche journalière de l'Horloge, c'est-à-dire, la quantité de son avance ou de son retard en 24 heures sur le Tems moyen; 2° il faut connoître de même la différence du Tems de l'Horloge à l'heure du Tems moyen du Port de départ.

La connoissance de cet état de l'Horloge servira à l'observateur pendant la durée de la campagne, pour en conclure la longitude du vaisseau, lorsqu'il aura fait de nouvelles observations. Pour cet effet, l'observateur doit tenir un Registre ou Journal de toutes ses observations.

Articles de l'Ouvrage qui a pour titre :

LES LONGITUDES PAR LA MESURE DU TEMS (1), *auxquels nous renvoyons l'observateur chargé d'une Montre portative verticale à Tems égal, lorsqu'il voudra la faire servir à la détermination des Longitudes soit en mer, soit à terre.*

---

(1) *Les Longitudes par la mesure du Tems, ou Méthode pour déterminer les longitudes en mer et par les Horloges, et à terre par les Montres.* Paris, 1775, par M. Ferdinand Berthoud.

Cet ouvrage indique toutes les Observations et Calculs relatifs à la détermination des longitudes, et contient le recueil des Tables nécessaires à l'observateur,

---

APPENDICE. P. 68.

ARTICLE III.

De la construction de l'Instrument propre à établir la marche de la Montre qui doit déterminer la longitude à terre, des Observations et Calculs relatifs à cet usage.

Un avantage précieux dans la méthode des Montres pour la détermination des longitudes terrestres, est celui de pouvoir vérifier leur marche aussi souvent que l'on veut; au lieu qu'employées à la mer, le vaisseau peut être plusieurs mois en mer sans relâcher; ce qui rend moins certaines ces déterminations, ou, ce qui revient au même, ce qui exige dans ces machines une perfection plus rigoureuse. L'Instrument à employer, pour déterminer les longitudes terrestres, doit donc être construit de sorte que la vérification de la marche de la Montre se fasse facilement et promptement. Voilà la premiére des conditions à exiger de l'Instrument dont l'observateur doit faire usage. La seconde condition, c'est que cet Instrument soit réduit à un petit volume pour être plus portatif. La troisième condition, c'est que par son moyen on puisse obtenir l'heure du lieu de l'observateur, avec la précision requise, de même que la latitude; enfin, que l'Instrument soit simple et porté à un prix modéré.

Nous pensons qu'en l'état de perfection où sont portés de nos jours les Instrumens astronomiques, on pourra obtenir les conditions que nous venons d'annoncer ; et peut-être le Cercle astronomique de Mayer, perfectionné par Borda, suffit pour les remplir. Je me permettrai, à son défaut, d'en proposer un autre que j'ai construit et fait exécuter, il y a environ trente ans, et qui fait partie du dépôt dont je suis chargé par le Gouvernement.

Cet Instrument tient lieu du quart de Cercle et de l'Instrument des passages. Comme quart de Cercle, il sert à trouver la latitude et sert à prendre des hauteurs correspondantes du Soleil pour trouver l'heure, et à placer l'Instrument des passages dans le plan du Méridien : comme Instrument des passages, il sert à connoître promptement la marche de la Montre.

Pour faciliter l'usage de cet Instrument, l'observateur doit être muni d'une boussole qui servira à diriger la lunette de l'Instrument des passages, à peu près dans le plan du Méridien.

L'Instrument des passages et des hauteurs est représenté Tome II, Planche XIX de l'*Histoire de la mesure du Tems*, et sa description, p. 139, Art. XI du même volume.

ARTICLE IV.

Du transport de la Montre par terre, dans une chaise ou voiture de poste, lorsqu'elle doit servir à la détermination des longitudes TERRESTRES.

LORSQUE la Montre à longitudes est employée en mer, elle doit être placée verticalement sur sa suspension. Mais cette suspension ne peut pas servir à terre dans une voiture, à cause des mouvemens brusques et irréguliers auxquels elle se trouve exposée. Si donc on veut la laisser à demeure dans sa même boîte, il faut alors suspendre les effets de la suspension; mais dans ce cas il seroit préférable de placer la Montre dans une petite boîte particulière faite à ce dessein, parce qu'elle deviendroit moins embarrassante; et l'observateur placeroit cette boîte à côté de lui sur le coussin de la voiture, et arrêtée simplement par des courroies, et la Montre resteroit sensiblement dans la position verticale qui lui est propre; et arrivé dans le lieu où l'observateur doit coucher, il poseroit simplement la boîte sur une table ou sur une cheminée pour y passer la nuit.

L'observateur pourroit porter tout simplement la Montre sur soi, verticalement, dans la poche de sa veste; mais je pense qu'il est préférable de la placer dans une petite boîte, parce que dans sa poche la Montre éprouvera une température qui différera trop de celle qu'elle aura, pendant la nuit, placée sur une table; ce qui pourroit causer quelques changemens dans sa marche, pour peu que la correction des effets du chaud et du froid ne fût pas rigoureusement complète; au lieu que par l'autre moyen la température ne différera pas si sensiblement du jour dans la chaise, et de la nuit dans une chambre. D'ailleurs, la position de la Montre sera plus constamment la même dans la voiture et sur la table, qu'elle ne le seroit étant portée dans la poche de l'observateur.

REMARQUE.

Nous avons supposé ci-devant que l'observateur chargé de déterminer les Longitudes soit à terre, soit en mer, étoit muni d'une Montre Astronomique verticale, parce que ces sortes de Montres peuvent être portées sur soi, et paroissent, par cette raison, plus commodes; mais nous pensons que la même Montre établie pour servir dans la position horizontale, doit procurer une justesse plus constante, et mérite par là d'être préférée sur-tout pour servir à la mer. Cette Montre ayant une suspension, c'est à l'artiste à employer le moyen convenable à la position horizontale, en employant un diamant au lieu d'un rubis pour porter le pivot inférieur du balancier.

FIN.

Manière de tracer la ligne méridienne du Tems moyen.

Nous avons fait voir (art de Régl., etc. art. I) que *temps vrai* ou *apparent* est celui qui est réglé par le mouvement du soleil; ainsi le midi vrai est l'instant où le centre du soleil est dans le méridien. Un jour vrai est l'intervalle de deux retours consécutifs du soleil au même méridien : durant cet intervalle, il passe au méridien 360 degrés de l'équateur céleste, plus un arc de ce cercle égal au mouvement du soleil en ascension droite. Ainsi ce mouvement étant inégal, le temps vrai ne peut être uniforme. Une horloge bien réglée ne s'accordera avec le temps vrai que quatre fois dans l'année; à tous les autres jours elle avancera ou retardera, selon que la longitude moyenne du soleil sera plus petite ou plus grande que son ascension droite vraie.

Puisque le temps moyen précède et suit alternativement le temps vrai, il s'ensuit que la ligne méridienne du temps moyen doit passer de côté et d'autre de celle du temps vrai et serpenter autour de cette ligne, qui est toujours une ligne droite quand elle est tracée sur un plan droit comme celui que nous entendons (pl. V, fig. 1 et 2).

On voit, par la figure de la méridienne du temps moyen, qui ressemble à un 8 fort alongé, que le point de lumière (qui passe par le trou de la plaque de fer que l'on suppose placée au sommet du style S) doit tomber deux fois dans le même jour sur la courbe; mais il n'y a qu'une des branches de cette courbe qui marque le midi moyen pour un certain temps de l'année, l'autre branche le marque pour une autre saison, comme il est facile de le distinguer par les noms des mois écrits autour de cette courbe (pl. V, fig. 2).

Pour tracer la ligne méridienne horizontale du temps moyen, il faut d'abord déterminer la méridienne du temps vrai, comme nous l'avons expliqué art. XII.

Aux deux côtés de cette méridienne, et par le centre du cadran (1), on tirera les lignes horaires de 11 h. 45', et de 12 h. 15'. Comme on le voit (pl. V, fig. 2), il suffit d'avoir une bonne montre à secondes pour tracer ces deux lignes; mais si l'on aime mieux procéder par le calcul des angles horaires, on fera cette analogie :

Le Rayon
est au sinus de la hauteur du pôle,
comme la tangente de la distance du soleil au méridien
pour l'heure proposée
est à la tangente de l'angle horaire,
dans le cadran horizontal.

Lorsque l'on aura tracé les deux lignes de 11 heures 45 min. et 12 heures 15 min., on cherchera, sur la méridienne du temps vrai, les points auxquels répondent les degrés des signes du zodiaque, de cinq en

---

(1) Le centre d'un cadran solaire horizontal est le point d'intersection R de la ligne RS, avec le prolongement de la ligne méridienne PM; la ligne RS étant élevée à la hauteur du pôle.

cinq degrés; en voici d'abord la méthode géométrique.

Sur un plan à part (pl. V, fig. 1), on tracera une ligne droite PM, qui représentera la méridienne. On élevera la perpendiculaire PS, égale à la hauteur du style que l'étendue de la méridienne comporte (tabl. I, pag. 86); du point S, comme centre, et d'un rayon convenable à l'échelle des cordes, ou à celle des parties égales dont on fera usage, on décrira l'arc PX, sur lequel on prendra tous les angles des signes en cette sorte :

On tirera la ligne SB, faisant l'angle PSB égal à l'élévation de l'équateur sur l'horizon du lieu (cet angle est toujours égal au complément de la hauteur du pôle); et l'on aura, sur la méridienne PM, le point B, qui sera le premier degré du bélier ♈ et de la balance ♎. On tirera les lignes SC et SM, faisant avec SB les deux angles égaux CSB et BMS de 23 degrés 28 min., et l'on aura les premiers degrés de l'écrevisse ♋ et du capricorne ♑, qui sont les deux points des solstices d'été et d'hiver. Eusuite on tirera les lignes SD et SG, faisant avec la ligne SB les deux angles égaux de 20 degrés 11 min. et l'on aura les premiers degrés du sagittaire ♐, du verseau ♒, du lion ♌ et des gémeaux ♊. Les lignes SE et SF, faisant avec SB les angles égaux ESB et FSB de 11 degrés 29 min. donneront les premiers degrés du taureau ♉, de la vierge ♍ du scorpion ♏ et des poissons ♓. Ces degrés doivent toujours se compter depuis la ligne SB qui représente l'équateur.

On procédera de la même manière pour avoir les degrés intermédiaires de cinq en cinq, comme ils sont tracés sur la fig. 2, pl. V. Il n'est pas nécessaire, dans la pratique, de tirer réellement les lignes SC, SG, etc. Il suffit de marquer, sur la ligne méridienne, les intersections de ces lignes.

L'on obtiendra plus d'exactitude en cherchant ces points par le calcul. La déclinaison du soleil, ou sa distance à l'équateur, au degré du signe dont on cherche la position sur la méridienne, étant connue (1), si la déclinaison est septentrionale, on l'ajoutera à la hauteur de l'équateur, on la soustraira si elle est méridionale ; la somme ou différence sera la hauteur méridiennedu soleil. Par exemple, au 31 juillet 1810, à 7° 32′ du lion ♌, la déclinaison septentrionale du soleil est de 18° 24′ 15″ qu'il faut ajouter à la hauteur de l'équateur (que nous supposons de 59° 24′ 15″ pour la hauteur méridienne du soleil) ; mais si la déclinaison est méridionale, sa hauteur méridienne sera égale à l'excès ou à la différence entre la hauteur de l'équateur et la déclinaison. Par exemple, au 30 octobre 1810, à 6° 24′ 52″ du scorpion ♏, la déclinaison méridionale du soleil est de 13° 40″ 14 qui étant soustraits de 41°, que nous avons supposé pour la hauteur de l'équateur, restera 27° 19′ 46″ pour la hauteur méridienne du soleil par 7 s. 6° 24′ 52″ de longitude.

Ces élémens étant bien entendus, on fera cette analogie :

---

(1) On la trouve, pour chaque jour de l'année, dans la Connaissance des tems, ou dans l'Annuaire que nous avons cité page 95.

Le Rayon
est à la cotangente de la hauteur méridienne
du soleil,
comme la hauteur du style
est à la distance du pied du style, jusqu'au
point du degré du signe sur la ligne méridienne.

Lorsqu'on aura tracé tous les degrés, de cinq en cinq, on tirera, par chacun de ces points, des perpendiculaires à la méridienne, qui se terminent, de chaque côté, aux deux lignes horaires de 11 heures 45′ et midi 15′ (1).

Chaque perpendiculaire, entre midi 15′, ou entre midi et 11 h. 45′, sera divisée en 900 parties égales pour les 900 secondes qu'il y a dans un quart d'heure, et l'on prendra, sur chacune de ces perpendiculaires, autant de parties, soit avant midi, soit après midi, qu'il y a de secondes dans l'équation correspondante à l'arc de signe qu'elle représente, selon qu'elle doit être en avance ou en retard; cela est aisé à faire avec la ligne des parties égales d'un compas de proportion, dont l'usage est bien connu. Ayant ainsi marqué deux points sur chaque perpendiculaire, l'un avant et l'autre après midi, chacun selon l'équation correspondante; l'on fera passer, par tous ces points, une courbe qui sera la méridienne du temps moyen, au-

(1) Il ne devrait y avoir, à la rigueur, que la ligne des équinoxes en ligne droite, toutes les autres sont des courbes qui, vû leur peu d'étendue, ne diffèrent pas sensiblement d'une ligne droite.

tour de laquelle on écrira les noms des mois, correspondans aux degrés des signes, dont les équations ont donné les points de la courbe, ainsi qu'on le voit pl. V, fig. 2. Ensuite on effacera les perpendiculaires et les chiffres qui expriment les secondes, et l'on ne conservera que les lignes horaires de 11 h. 45′ et 12 h. 15′ avec les deux méridiennes.

Les méridiennes du temps sont rares encore et difficiles à tracer bien exactement, comme on en peut juger par ce qui précède ; elles ne sont justes que pour un temps : au bout d'un siècle elles sont sujettes à des erreurs d'un quart de minute, en plus et en moins vers les deux sommets et vers la triple intersection des branches de la courbe. Il n'en est pas moins à desirer, pour l'utilité publique, que ces méridiennes se multiplient, parce qu'elles offrent aux citoyens un moyen direct de régler sûrement les pendules et les montres, sans tenir compte de l'équation du temps, et sans aucune combinaison d'idées ; et c'est pour leur faciliter cette opération, par la méridienne du temps vrai, que nous avons placé, à la suite de ces additions, une nouvelle table d'équation, sous la forme adoptée par le Bureau des longitudes.

Jours du mois.	JANVIER. T. moyen au midi vrai.	FÉVRIER. T. moyen au midi vrai.	MARS. T. moyen au midi vrai.	AVRIL. T. moyen au midi vrai.
	H. M. S.	*H. M. S.*	*H. M. S.*	*H. M. S.*
1	0. 3.48	0.13.56	0.12.43	0. 4. 5
2	0. 4.16	0.14. 4	0.12.31	0. 3.47
3	0. 4.44	0.14.11	0.12.19	0. 3.29
4	0. 5.12	0.14.17	0.12. 6	0. 3.11
5	0. 5.39	0.14.23	0.11.52	0. 2.53
6	0. 6. 6	0.14.27	0.11.38	0. 2.36
7	0. 6.33	0.14.31	0.11.24	0. 2.18
8	0. 6.59	0.14.34	0.11.10	0. 2. 1
9	0. 7.24	0.14.36	0.10.54	0. 1.44
10	0. 7.49	0.14.37	0.10.39	0. 1.27
11	0. 8.13	0.14.37	0.10.23	0. 1.11
12	0. 8.37	0.14.37	0.10. 7	0. 0.54
13	0. 9. 0	0.14.36	0. 9.50	0. 0.38
14	0. 9.22	0.14.34	0. 9.34	0. 0.22
15	0. 9.43	0.14.31	0. 9.17	0. 0. 6
16	0.10. 4	0.14.28	0. 8.59	11.59.51
17	0.10.25	0.14.24	0. 8.41	11.59.37
18	0.10.44	0.14.19	0. 8.22	11.59.23
19	0.11. 3	0.14.13	0. 8. 6	11.59. 9
20	0.11.21	0.14. 7	0. 7.47	11.58.55
21	0.11.38	0.14. 0	0. 7.29	11.58.42
22	0.11.55	0.13.53	0. 7.11	11.58.29
23	0.12.10	0.13.45	0. 6.52	11.58.17
24	0.12.25	0.13.36	0. 6.34	11.58. 5
25	0.12.39	0.13.26	0. 6.15	11.57.54
26	0.12.53	0.13.16	0. 5.56	11.57.43
27	0.13. 6	0.13. 6	0. 5.38	11.57.33
28	0.13.17	0.12.55	0. 5.19	11.57.23
29	0.13.28		0. 5. 1	11.57.14
30	0.13.39		0. 4.42	11.57. 6
31	0.13.48		0. 4.24	

Jours du mois.	MAI. T. moyen au midi vrai.	JUIN. T. moyen au midi vrai.	JUILLET. T. moyen au midi vrai.	AOUT. T. moyen au midi vrai.
	H. M. S.	*H. M. S.*	*H. M. S.*	*H. M. S.*
1	11.56.57	11.57.18	0. 3.15	0. 5.58
2	11.56.50	11.57.27	0. 3.26	0. 5.54
3	11.56.43	11.57.37	0. 3.38	0. 5.50
4	11.56.36	11.57.47	0. 3.49	0. 5.46
5	11.56.30	11.57.57	0. 4. 0	0. 5.41
6	11.56.25	11.58. 7	0. 4.10	0. 5.35
7	11.56.20	11.58.18	0. 4.20	0. 5.29
8	11.56.16	11.58.29	0. 4.30	0. 5.21
9	11.56.12	11.58.40	0. 4.39	0. 5.14
10	11.56. 9	11.58.51	0. 4.48	0. 5. 6
11	11.56. 6	11.59. 3	0. 4.57	0. 4.57
12	11.56. 4	11.59.15	0. 5. 5	0. 4.47
13	11.56. 3	11.59.27	0. 5.13	0. 4.37
14	11.56. 2	11.59.40	0. 5.20	0. 4.27
15	11.56. 2	11.59.52	0. 5.26	0. 4.16
16	11.56. 2	0. 0. 5	0. 5.32	0. 4. 4
17	11.56. 2	0. 0.17	0. 5.38	0. 3.52
18	11.56. 4	0. 0.30	0. 5.43	0. 3.39
19	11.56. 6	0. 0.43	0. 5.48	0. 3.26
20	11.56. 8	0. 0.56	0. 5.52	0. 3.13
21	11.56.11	0. 1. 8	0. 5.55	0. 2.59
22	11.56.14	0. 1.21	0. 5.58	0. 2.44
23	11.56.18	0. 1.34	0. 6. 1	0. 2.29
24	11.56.23	0. 1.47	0. 6. 3	0. 2.14
25	11.56.28	0. 2. 0	0. 6. 4	0. 1.58
26	11.56.34	0. 2.13	0. 6. 5	0. 1.42
27	11.56.40	0. 2.25	0. 6. 5	0. 1.26
28	11.56.47	0. 2.38	0. 6. 5	0. 1. 7
29	11.56.54	0. 2.50	0. 6. 4	0. 0.51
30	11.57. 2	0. 3. 3	0. 6. 2	0. 0.34
31	11.57.10		0. 6. 0	0. 0.16

Jours du mois.	SEPTEMBR. T. moyen au midi vrai.	OCTOBRE. T. moyen au midi vrai.	NOVEMBR. T. moyen au midi vrai.	DÉCEMBR. T. moyen au midi vrai.
	H. M. S.	*H. M. S.*	*H. M. S.*	*H. M. S.*
1	11.59.57	11.49.49	11.43.46	11.49.11
2	11.59.39	11.49.30	11.43.45	11.49.34
3	11.59.20	11.49.11	11.43.45	11.49.57
4	11.59. 1	11.48.53	11.43.45	11.50.21
5	11.58.41	11.48.35	11.43.47	11.50.45
6	11.58.21	11.48.17	11.43.49	11.51.11
7	11.58. 1	11.48. 0	11.43.52	11.51.36
8	11.57.41	11.47.43	11.43.55	11.52. 2
9	11.57.21	11.47.26	11.44. 0	11.52.29
10	11.57. 1	11.47.10	11.44. 5	11.52.56
11	11.56.40	11.46.55	11.44.11	11.53.23
12	11.56.19	11.46.39	11.44.18	11.53.51
13	11.55.58	11.46.25	11.44.26	11.54.19
14	11.55.37	11.46.11	11.44.35	11.54.48
15	11.55.16	11.45.57	11.44.45	11.55.17
16	11.54.55	11.45.44	11.44.55	11.55.46
17	11.54.34	11.45.32	11.45. 7	11.56.15
18	11.54.13	11.45.20	11.45.19	11.56.44
19	11.53.52	11.45. 9	11.45.32	11.57.14
20	11.53.31	11.44.58	11.45.46	11.57.44
21	11.53.10	11.44.48	11.46. 0	11.58.14
22	11.52.49	11.44.39	11.46.16	11.58.44
23	11.52.28	11.44.30	11.46.32	11.59.14
24	11.52. 7	11.44.22	11.46.50	11.59.44
25	11.51.47	11.44.15	11.47. 7	0. 0.14
26	11.51.27	11.44.10	11.47.26	0. 0.44
27	11.51. 7	11.44. 3	11.47.46	0. 1. 4
28	11.50.47	11.43.58	11.48. 6	0. 1.44
29	11.50.27	11.43.54	11.48.27	0. 2.14
30	11.50. 8	11.43.51	11.48.48	0. 2.43
31		11.43.48		0. 3.12

Planche I.ere

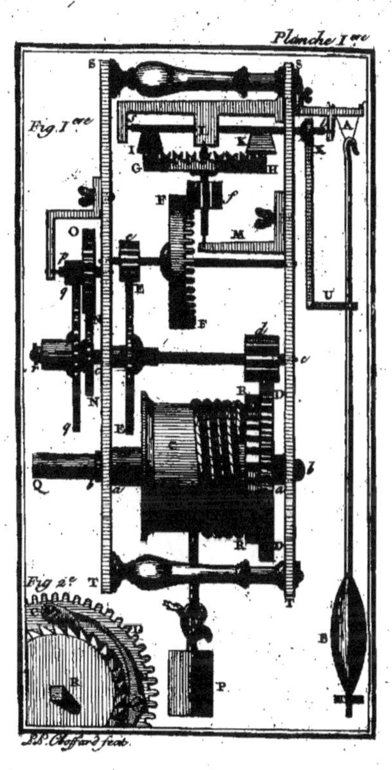

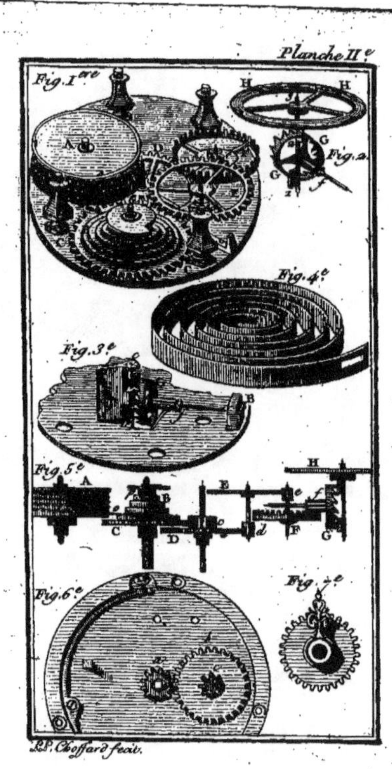
Planche IIe
Fig. 1ere
Fig. 2.
Fig. 3e
Fig. 4e
Fig. 5e
Fig. 6e
Fig. 7e
P.P. Choffard fecit.

Planche IIIe.

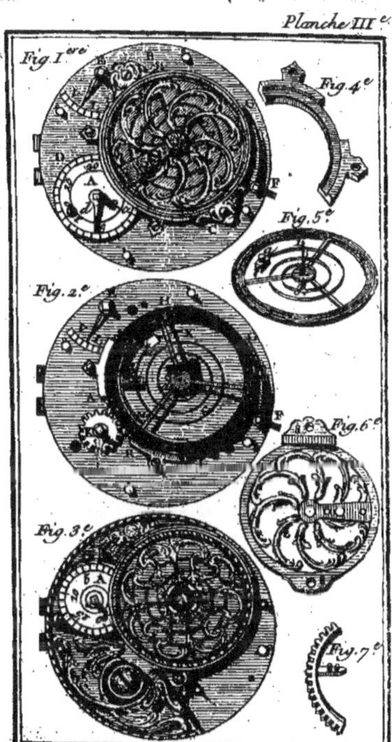

J.B. Choffard fecit.

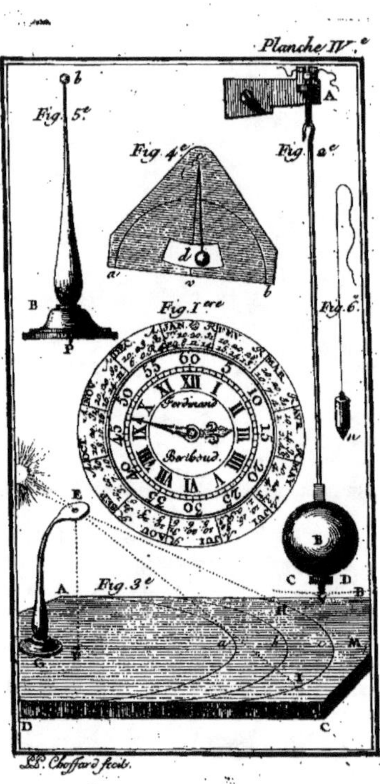
Planche IV.e
Fig. 5.e
Fig. 4.e
Fig. 2.e
Fig. 1.ere
Fig. 6.e
Fig. 3.e
Ferdinand
Berthoud.
L.L. Choffard fecit.

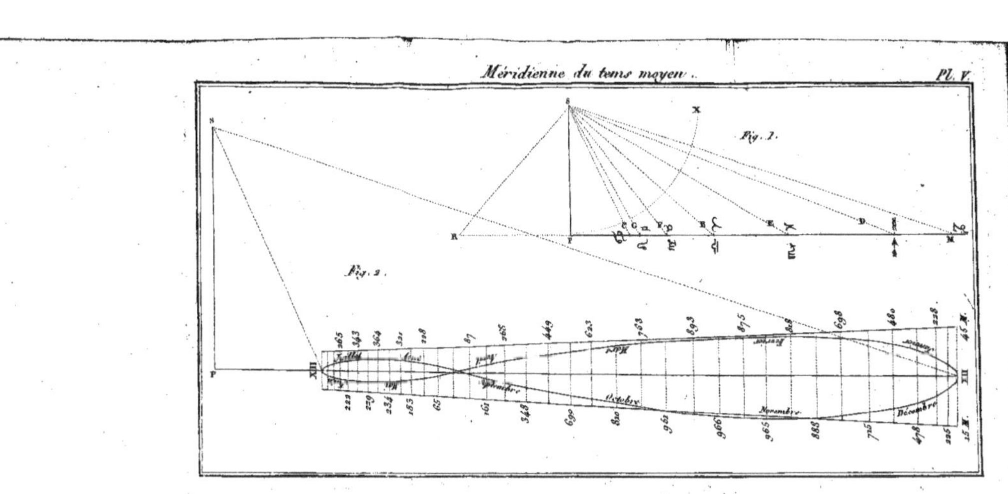

www.ingramcontent.com/pod-product-compliance
Lightning Source LLC
LaVergne TN
LVHW010612110826
845149LV00003B/876

9782019194291